Geliebt. Gebraucht. Gehasst.
Die Deutschen und ihre Autos

Stiftung
**Haus der Geschichte
der Bundesrepublik Deutschland**

Geliebt. Gebraucht. Gehasst.

DIE DEUTSCHEN UND IHRE AUTOS

HERAUSGEGEBEN VON DER STIFTUNG

HAUS DER GESCHICHTE DER BUNDESREPUBLIK DEUTSCHLAND

SANDSTEIN VERLAG DRESDEN

INHALT

Siebengebirge
Rheinfähre
Bad Godesberg
Königswinter
(Fähre)

VORWORT

HANS WALTER HÜTTER

Leistungsstarker Sportwagen und bulliges SUV, VW Käfer und Trabant, Studenten-Ente oder Opel Manta – kein anderes Massenprodukt strahlt so viel Faszination aus wie das Automobil. Erfunden vor mehr als 130 Jahren, war es stets ein Sehnsuchts- und Kultobjekt, zugleich auch simples Transportmittel für viele Anlässe und Zwecke, immer wieder auch Stein des Anstoßes und Auslöser heftiger Diskussionen.

Den Deutschen wird ein besonderes Verhältnis zum Auto nachgesagt. Tatsächlich ist für über 80 Prozent der Fahrer in der Bundesrepublik Deutschland ein Leben ohne Kraftfahrzeug unvorstellbar, in ländlichen Regionen ist der private Wagen sogar für mehr als 90 Prozent aus dem Alltag nicht wegzudenken. Ohne Auto, so scheint es, geht heutzutage nichts mehr. Deutschland lebt wie keine zweite Nation vom Automobil und seiner Industrie. Im Land der Autofahrer prägt das Fahrzeug nahezu alle Lebensbereiche des Alltags und hat maßgeblich zur Gestaltung unseres Lebensraums in der Stadt und auf dem Land beigetragen.

Mit dem Verhältnis der Deutschen zu ihren Autos, zu Mobilität und Verkehr beleuchtet die Stiftung Haus der Geschichte der Bundesrepublik Deutschland ein ungebrochen aktuelles Thema der deutschen Zeitgeschichte, das große Teile der Bevölkerung betrifft. Das Automobil ruft Begeisterung hervor, ebenso Ablehnung; es hat glühende Verehrer ebenso wie erbitterte Gegner.

Die gegenwärtige Realität erlaubt allerdings oft nur wenig Freude am Autofahren. Verstopfte Straßen, allgegenwärtige Baustellen, Parkplatznot, stetig steigende Unterhaltskosten und immer noch allzu viele Verkehrsunfälle verursachen oft mehr Frust als Lust. Automobilentwickler und -hersteller versuchen, dem entgegenzuwirken, indem sie immer mehr Modelle für die sich zunehmend differenzierende Gesellschaft anbieten. Für möglichst jede Gruppe soll es heutzutage das passende Fahrzeug geben.

Nachdem lange Zeit mehr Leistung und Prestige, mehr Raum für Menschen und Gepäck, auch mehr Sicherheit und Komfort für den Autokauf entscheidend waren, entwickeln sich in jüngerer Zeit neue Trends: Die E-Mobilität und die Vernetzung des Autos in und mit der digitalen Welt sollen die Zukunft des Automobils als Individualverkehrsmittel zu sichern helfen. Das selbstfahrende, verkehrssichere und hochkomfortable Auto, das die persönliche Fortbewegung ohne die derzeitigen Probleme durch Verkehrsinfarkt und Unfallrisiko sicherstellen soll, scheint in greifbare

◄ Fahrvergnügen? Bereits 1965 staut sich der Verkehr auf der A 3 zwischen Köln und Frankfurt am Main.

Ioan Cozacus Karikatur aus dem Jahr 2011 überträgt die steigenden Benzinpreise vor Ferienbeginn auf Autos mit Elektroantrieb.

Nähe zu rücken. Erste Prototypen dieser neuen Fahrzeuggattung sind inzwischen im Einsatz, jedoch noch nicht serientauglich. Auch die Elektroantriebe für Fahrzeuge, die aus Gründen der Umweltverträglichkeit vielfache staatliche Förderung genießen, haben sich noch nicht durchsetzen können – wohl nur eine Frage der Zeit.

Weltweit agierende Konzerne arbeiten mit Hochdruck an der Zukunft des Autos, damit es auch künftig das Individualverkehrsmittel Nummer 1 bleibt. Das Auto und seine Zukunft wird weite Teile der Gesellschaft auch weiterhin beschäftigen. Aspekte aus der Vergangenheit des Automobils, Fragestellungen in der Gegenwart und Pläne für die Zukunft dieses Verkehrsmittels beleuchten Ausstellung und Publikation – eine Kulturgeschichte des Autos sachlich nüchtern, aber auch emotional faszinierend.

Mein Dank gilt dem Projektteam unter der Leitung von Ulrich Op de Hipt und den Kolleginnen und Kollegen in Bonn, Leipzig und Berlin. Gemeinsam mit unserem Ausstellungsdirektor Dr. Thorsten Smidt und dem Atelier Schubert aus Stuttgart haben sie eine facettenreiche Ausstellung realisiert. Den Gremien der Stiftung – Kuratorium, Wissenschaftlicher Beirat und Arbeitskreis gesellschaftlicher Gruppen – danke ich für den vertrauensvollen Austausch. Die Professoren Ulrich Borsdorf, Martin Sabrow, Günther Schulz und Angela Schwarz haben mit weiterführenden Anregungen und wertvollen Hinweisen entscheidend zum Gelingen des Projekts beigetragen. Den Autoren und Redakteurinnen dieses Bands gebührt Dank für anregende Beiträge, die zur vertieften Auseinandersetzung mit den Themen und Objekten der Ausstellung einladen.

▲
Aerodynamik und Design: Auf der Internationalen Automobil-Ausstellung (IAA) 2015 zeigt Mercedes-Benz das Intelligent Aerodynamic Automobile, kurz »Concept IAA«.

AUTO

LAND

Deutschland

MAMA!
MAMA!
MAMA!
MAMA!
MAMA!
AUTO!
SPERZEL

DER DEUTSCHEN LIEBSTES KIND?

ULRICH OP DE HIPT

Nichts bewegt die Deutschen so sehr wie das Automobil. Das Kraftfahrzeug hat sich mit der Massenmotorisierung seit Anfang der 1960er Jahre zum wichtigsten Verkehrsmittel entwickelt. 44 Millionen Pkw sind in Deutschland zugelassen, statistisch gesehen besitzt mehr als jeder zweite Deutsche ein Auto. 86 Prozent der Beförderungsleistung im Personenverkehr entfallen auf den motorisierten Individualverkehr.

Das Auto ist für die meisten Deutschen jedoch mehr als nur ein nützliches Fortbewegungsmittel. Es bewegt die Gefühle der Menschen wie wohl kein anderes Konsumgut. Laut einer Umfrage des Markt- und Meinungsforschungsinstituts YouGov aus dem Jahr 2015 lieben 69 Prozent der Deutschen ihr Auto, bei den Frauen sind es sogar 74 Prozent. Auf die Frage, was für Deutschland steht, entschieden sich 63 Prozent für den Volkswagen, Goethe landete mit großem Abstand auf dem zweiten Platz. Der VW Käfer, aber auch sein sozialistisches Pendant, der Trabant, sind in das Gedächtnis der Deutschen eingegangen und nationale Erinnerungsorte mit identitätsstiftendem Charakter geworden.

Andererseits sagten in der YouGov-Umfrage 71 Prozent: »Das Auto ist für mich nur ein Gebrauchsgegenstand.« Die Umfrage belegt Widersprüche: Das Auto galt lange Zeit als der Deutschen liebstes Kind, ist aber für immer mehr Menschen seit den 1970er Jahren Symbol für Lärm, Umweltgefährdung und Verschwendung. Neben der »Freude am Fahren« prägt seit Langem auch ein schlechtes Gewissen die Einstellung zum Auto.

Die Ausstellung beschreibt die Beziehungen der Deutschen in West und Ost zu ihren Automobilen. Sie geht dabei davon aus, dass das Verhältnis der Menschen zu ihren Fahrzeugen nicht nur zweckrational definiert, sondern emotional aufgeladen ist. Das Auto verheißt grenzenlose individuelle Mobilität und Freiheit, Geschwindigkeit und Vervielfältigung der menschlichen Kräfte, Status und Macht. Das Auto eignet sich als unübersehbarer Bedeutungsträger, um Distinktionswünsche auszuleben und soziale Hierarchien zu wahren. Sein hoher Gebrauchswert wird ergänzt durch seinen nicht minder geschätzten Erlebniswert.

◄
Klischee: Wolfgang Sperzel karikiert die Liebe der Deutschen zu ihren Automobilen.

►
Der Wackeldackel: 1965 fertigt der Unternehmer Rakso Oskar Schneider eine kleine Hundefigur mit beweglichem Kopf und meldet sie wenig später in Italien zum Patent an. Lange Zeit als spießiges Accessoire im Auto belächelt, entwickelt er sich bis heute zum Kultobjekt.

FREIHEIT

Mit der Erfindung des Autos wurde ein Wunschtraum der Menschheit Wirklichkeit. Das Auto ermöglichte dem Einzelnen umfassende Mobilität. Es erweiterte den Handlungs- und Bewegungsspielraum des Menschen. Neue Erfahrens- und Erlebnisformen wurden möglich, die lokale Gebundenheit des Lebens wurde aufgehoben. Die individuelle Eroberung des Raums ging mit einer Aufladung als Symbol für Freiheit und Unabhängigkeit einher. Das Freiheitsgefühl resultierte nicht ausschließlich aus der Möglichkeit zur individuellen Mobilität. Der in sich geschlossene Auto-Innenraum ermöglichte in Ost und West einen zeitweiligen Rückzug ins Private und die Befreiung von sozialen Abhängigkeiten. Insbesondere Jugendliche verbanden mit dem ersten eigenen Auto die zunehmende Loslösung vom Elternhaus und intime Erfahrungen in seiner Abgeschiedenheit.

Der Traum von Freiheit und Abenteuer war in der Bildsprache der Automobilwerbung, aber auch in Literatur, Popsongs und Roadmovies geradezu omnipräsent. Im politischen Diskurs wurde die Eigenschaft der individuellen Mobilität ebenfalls überhöht und in die Nähe eines Grundrechts gerückt. Die

▲
Täglicher Stressfaktor für Pendler: Stau auf der A 565 im Bonner Berufsverkehr.

»Deutschland ist Auto-Land.«

Angela Merkel, Bundeskanzlerin, 2011

Propagierung der Priorität individueller Entfaltungsansprüche gegenüber gesellschaftlichen Interessen blieb dabei in der öffentlichen Diskussion nicht unwidersprochen. So kritisierte zum Beispiel die »Aktion für mehr Demokratie« Ende der 1980er Jahre die Bewertung des Autos als Symbol der Freiheit und konterkarierte autofreundliche Losungen mit Bildern von Verkehrsunfällen, Staus, verschmutzter Luft und zerstörten Landschaften.

FASZINATION GESCHWINDIGKEIT

Auch im Zeitalter der Massenmotorisierung machte für viele der Spaß an der Geschwindigkeit den Reiz des Fahrens aus. »Ich geb' Gas! Ich will Spaß« sang Markus im Neuen-Deutsche-Welle-Schlager Anfang der 1980er Jahre, was die Einstellung vieler Autofahrer spiegelte. Jeder zweite Mann und jede dritte Frau bekannte sich in einer Umfrage in den 1990er Jahren zu der Aussage: »Es macht mir Spaß, einen Wagen voll auszufahren.« Das neue Tempo wirkte atemberaubend, aber auch bedrohlich. Zum Reiz des Autofahrens gehörte dabei für jeden dritten Befragten auch ein gewisses Maß an Risiko.

Motorentechnik, Design und Ausstattung der Autos spiegeln oft das Leitbild Schnelligkeit. Die Industrie bringt immer schnellere und leistungsstärkere Wagen auf den Markt. Das Auto wird als Tempomobil auch medial aufgeladen: Die Faszination der Geschwindigkeit spiegelt sich zum Beispiel in Spielfilmen, in denen Verfolgungsjagden ein beliebtes Instrument der Spannungssteigerung sind. In Kinderzimmern ersetzen Computerspiele wie *Need for Speed* oder *Grand Theft Auto* die klassische Autorennbahn.

Auf die in den 1950er und 1960er Jahren noch weitverbreitete Technik- und Geschwindigkeitsbegeisterung folgte allerdings seit den 1970er Jahren ein zunehmend skeptischer Blick. Die gesellschaftliche Bewertung von schnellem Autofahren als Anzeichen für Aggressivität nahm zu. Schnelle Autos mit windschlüpfrigen Karosserien und leistungsstarken Motoren seien dem Stadtverkehr ebenso wenig angemessen wie eine Kreissäge für das Butterschneiden. Der vermeintlich rationale Geist der Ingenieure diene irrationalen Zielen.

STATUSSYMBOL

Das Auto ist nicht nur Symbol der Freiheit und der Dynamik, es ist geradezu das ideale Konsumobjekt, um den sozialen Status und die Individualität des Besitzers nach außen zu repräsentieren. Anders als etwa die Wohnungseinrichtung sind die Marke und das Modell für jeden unmittelbar sichtbar und lassen Rückschlüsse auf den Besitzer zu. Das Auto wird zum Statement. War es in den 1950er und 1960er Jahren primär Ausdruck von Einkommensunterschieden und Statussymbol, veränderte sich in der Folgezeit seine kulturelle Funktion: Es wurde in einer sich zunehmend individualisierenden Gesellschaft Ausdruck eines milieuspezifischen Lebensgefühls, eines Lebensstils und individueller Identität.

In der DDR wurde soziale Distinktion über materielle Güter streng abgelehnt. »Was wir aber unter keinen Umständen wollen, ist das Auto als Statussymbol [...]«, hieß es im Staatsrundfunk. Doch die Praxis sah anders aus: In der DDR-Mangelwirtschaft galt bereits der Besitz eines Autos als Privileg. Die politische, kulturelle und wissenschaftliche Elite wurde bei der Zuteilung bevorzugt. Gut verdienende Selbstständige konnten sich komfortablere Autos leisten. Westkontakte schufen Privilegien: So ermöglichte zum Beispiel der DDR-Geschenkdienst Genex Westdeutschen, Autos an Ostdeutsche ausliefern zu lassen.

POLITISCHE REPRÄSENTATION

Das Auto ist ein Medium der individuellen, aber auch der politischen Kommunikation. Es ist Mittel, um Herrschaft zu repräsentieren. Größe und Ausstattung des Wagens visualisieren die Macht und Bedeutung des Fahrgasts. Die Dienstwagen der Staatsspitze sind dabei auch ein Bekenntnis zum Wirtschaftsstandort Deutschland. Überwog in den frühen Jahren der Bundesrepublik Mercedes, kamen mit dem zunehmenden Auftreten von Konkurrenzmodellen in der Oberklasse seit den 1970er Jahren auch andere Marken wie BMW, Audi oder VW auf die Bühne. Politiker wählen ihre Fahrzeuge zunehmend auch aus landsmannschaftlichen Gründen.

In der DDR standen repräsentative Fahrzeuge aus eigener Produktion nicht zur Verfügung. Luxuriöse Fahrzeuge widersprachen darüber hinaus dem Selbstbild des »Arbeiter- und Bauernstaats«. Sie spielten deshalb als Werkzeuge der politischen Kommunikation eine untergeordnete Rolle. Die DDR-Staatsspitze nutzte zunächst vor allem Fahrzeuge aus der Sowjetunion. Später siegen die Politiker auf Westprodukte um und nutzten Volvo und Citroën.

ZUKUNFT

Das Auto hat das 20. Jahrhundert geprägt wie kein anderes Konsumgut. Das »technische Zentralobjekt der Moderne«, so der Philosoph Peter Sloterdijk, wandelt sich jedoch revolutionär. Die Zukunft der Automobilindustrie liegt vor dem Hintergrund des technologischen Wandels und veränderter Kundenbedürfnisse nicht mehr nur in der Herstellung von Blech, Glas und Kunststoff als tonnenschwere Produkte der alten Industrie. Mobilität wird zukünftig verstärkt auch als Dienstleistung nachgefragt. Automatisierten und vernetzten Fahrzeugen, die emissionsfrei sind, gehört die Zukunft. Assistenzsysteme übernehmen die Steuerung oder vereinfachen sie, verhindern Unfälle und Staus gegebenenfalls auch durch den Verweis auf alternative Verkehrsmittel wie Bus oder Bahn. Das selbstfahrende Auto sucht sich selbstständig einen Parkplatz, macht sich alleine auf den Weg zu seinen Passagieren und entlastet die Innenstädte. Das steuerlose Auto verändert auch das Fahrerlebnis: Produktive Zeitfenster mit der Möglichkeit, Filme zu schauen oder zu arbeiten, treten an die Stelle des lustbetonten Fahrens mit dem Gefühl von Freiheit und Abenteuer. Die Zukunft der Autos ist digital. Etablierte Fahrzeugbauer und Digitalunternehmen arbeiten bereits zusammen an dem Auto der Zukunft.

▲

Im Jahr 1963 wird als Nachfolger des »Adenauer-Mercedes« 300 der Mercedes 600 auf der IAA vorgestellt. Die Bundesregierung setzt die Staatskarosse zu repräsentativen Anlässen ein.

BLICK
PUNKT

MICHA HILGERS

Auto als Fetisch

◄

Kfz-Mechanikerin und Pin-up-Girl: Die amerikanische Künstlerin Liz Cohen verschweißt für ihre Reihe *Bodywork* 2006 einen Trabant mit einem Chevrolet El Camino. Der »Trabantamino« verbindet Autoklassiker aus Ost und West.

►

Autowäsche von Hand, hier ein NSU Prinz im Jahr 1957.

Im Jahr 1970 platzierte die Düsseldorfer Werbeagentur Special Team im Nachrichtenmagazin *Der Spiegel* eine Anzeige, die eine Familie mit Schweinsköpfen zeigte. Der Text lautete: »Das ist der Deutschen Sauberkeit. Auch du gehörst dazu!« Behauptet wurde, dass die Deutschen ihre Unterwäsche nur ein- bis zweimal wöchentlich wechselten. Was in der öffentlichen Debatte über die als skandalös erlebte Annonce sogleich Vergleiche mit der Frequenz von Autowäschen nach sich zog – zuungunsten der Körperhygiene. Statt »untenrum« Unterbodenwäsche? Das Auto galt als der Deutschen liebstes Kind, quasi als Kegel der Nationalsozialisten, die – Adolf Hitler allen voran – autoversessen waren. Ist es Zufall, dass sich die Werbeagentur einer Schrifttype bediente, die an eine Schrift aus der Zeit des Nationalsozialismus erinnern soll?

Zu Zeiten der provokanten Werbung für Unterwäsche jedenfalls standen noch keine Umweltskrupel dem regelmäßigen Handanlegen an das eigene Gefährt entgegen, was deshalb auch oft wie eine Gefährtin behandelt und mit zärtlichen Namen belegt wurde. Immerhin konnte man ohne Ölabscheider und Waschstraßen überall – vor allem aber in nachbarschaftlicher Öffentlichkeit – sein Automobil per Handwaschlappen jener Sauberkeit zuführen, die der Besitzer vorgeblich zu selten an sich selbst praktizierte.

Doch geht es den Deutschen um sich selbst, kommt es rasch zu gepflegter Selbstüberschätzung. Denn Autowäsche und die dazugehörige Liebe ist mitnichten typisch deutsch. »Car-Wash« gehört zum Kult des amerikanischen Traums, ist unverzichtbarer Teil von Popsongs oder Pin-ups – jungen Damen, die nicht nur das Auto einer speziellen Behandlung unterziehen. Überhaupt: Autos und Pornos – ob clean und soft oder schmutzig-hardcore – sind unverzichtbarer Teil eines umfassenden Angebots in digitaler Realität oder Autobahnrastplatz-Wirklichkeit. Man verabredet sich zum anonymen Sex rund ums Auto oder fährt einfach zu einschlägig bekannten Treffpunkten. War das Auto in den prüden Nachkriegsjahren »Knutschkugel« mit der Möglichkeit, Sex jenseits des Elternhauses zu haben, ist es bis heute unverzichtbares Motiv zahlreicher Songs.

»We were snuggled up in the back seat«, singt Tina Turner in dem Song *Steamy Windows* von Tony Joe White. Die Autowäsche, heutzutage aufgrund gesetzlicher Auflagen meist an der Tankstelle praktiziert, lässt sich in diesem Sinn interpretieren als harmlose Verschiebung des libidinösen Verhältnisses zum fahrbaren Untersatz, zum qua PS immer potenter werdenden Beritt, der sich eben dort, in der Körpermitte nämlich, spürbar bemerkbar macht mittels Motor- und High-End-Sound.

▲
Oldtimer vor dem Kapitol in Havanna: Aufgrund des Embargos der USA 1959 finden sich auf Kuba immer noch zahlreiche »Ami-Schlitten«.

Längst hat der Fetischcharakter des Autos auch Nationen erfasst, die dem früher scheinbar immun gegenüberstanden: War das Verhältnis der Franzosen in den 1960er und 1970er Jahren ihren Deux Chevaux gegenüber sehr entspannt, Beulen und Kratzer kein großes Problem, so wird man diese Haltung selbst auf dem Land kaum noch finden – schon in Ermangelung von Ente und Dyane. Dass Autowäsche und -pflege, liebevolle Details oder barocke Bemalungen ein universelles Phänomen sind, kann der Reisende in sogenannten Drittweltländern bestaunen: Üppig bemalte Taxis, barock eingerichtete automobile Interieurs und überladener Chromschmuck gehören zum Alltag auf den Straßen. Und mancher Europäer will noch rasch nach Kuba reisen, um die improvisiert »restaurierten« Straßenkreuzer der 1950er Jahre zu erleben, bevor sie in Museen oder Sammlergaragen für immer verschwinden.

Boshaft könnte man fragen, was denn am Ende der Woche, falls es die Besitzerin oder der Besitzer so lange aushalten, gewaschen und gereinigt, weggeputzt und -poliert werden muss. Die Spuren fast zu Tode gekommener Mobilitätsrivalen oder jene der lustvoll-triebhaften Höhepunkte beim täglichen Sprint, beim Erreichen des Ziels?

▼

Ob 1964 in West-Berlin (links) oder 1979 in Ost-Berlin (rechts), die Autowäsche gehört zum Stadtbild.

Jedenfalls verdeutlicht die global anzutreffende Pflege und Ausstattung von Automobilen, dass es um viel mehr geht als um Beförderung, oft auch um ihr Gegenteil. Das geparkte oder im Stau stehende Automobil ist eine soziale Visitenkarte, und die reine Beförderungsfunktion eines Fahrzeugs hängt nicht von Alufelgen ab, sie geht aber auch nicht verloren, wenn ihr Besitzer sie verkommen lässt, statt sie allwöchentlich akribischer Reinigung zu unterziehen. Kurz: Die zweckrationale Beförderung von A nach B ist schon immer eine Wahnvorstellung antiquierter Mobilitätsforscher gewesen – was noch anginge – und eine geschäftsschädigende Idee für Manager öffentlicher Verkehrsmittel – was allerdings ärgerlich ist, weil sozial- wie umweltschädigend. Allerdings, und hier kommt der Reinigungsgedanke endlich zu seinem Recht, kein Fahrgast möchte in verdreckten Zügen hocken oder mit Sagrotan bewaffnet die Toilette aufsuchen.

Worum geht es also jenseits ritueller Wasch- und Reinigungshandlungen, abseits oder besser diesseits von Felgenpflege? Die Poliererei ist Ausdruck eines viel umfassenderen Phänomens: Dröhnende Subwoofer oder politische Bekenntnisse auf dem Hinterteil des Autos wie in den 1970er und 1980er Jahren, Fuchsschwänze (!) der *Manta, Manta*-Leute, steil hochstehende einsame Scheibenwischer, die nicht defekt sind, sondern gerade gegenteilig besonders wirkmächtig auf ihren Besitzer verweisen sollen, tiefergelegte Karren, deren Fahrkomfort bei jeder Bodenwelle die Wartezimmer von Orthopäden füllt, röhrende Auspuffanlagen, die an Hirsche im November denken lassen, all das ist fern jeder mit spitzem Bleistift berechneten Personenbeförderung. Die Lust beginnt jenseits der Ratio, nicht selten auch diametral zu ihr.

Brigitte Kraemer spürt dem Verhältnis von Mann und Auto im gleichnamigen Bildband aus dem Jahr 2007 fotografisch nach.

Kein Zweifel: Ein Leben ohne Auto bedeutet besonders in ländlichen Gegenden fast unweigerlich den soziokulturellen Tod. Und dort, wo es schon längst keinen Tante-Emma-Laden mehr gibt, wäre selbst das Einkaufen ohne Nachbarschaftshilfe oder Internetbestellung nahezu unmöglich. Dennoch könnten wir alle in einer billigen Blechkiste unserem Alltag nachgehen, den Nachwuchs in den Kindergarten und die Schule, zum Sport oder Geburtstag karren oder selbst zur Arbeit, ins Kino, zu Freunden und zurückfahren, wofür es keinen SUV bräuchte.

Zu unterscheiden ist die Beförderungs- von der Symbolfunktion des Autos. Zwar ist im Stau die Beförderungsfunktion gleich null, nicht jedoch die Symbolfunktion: Das Auto zeigt stets den sozialen Status, dient als Identitätsprothese, als Konzertsaal oder Diskothek, Wohnzimmer oder Potenzausweis. Obendrein kann man mittels Auto seinen Chef oder dessen Repräsentanz, überhaupt viele sozial besser Gestellten konkret oder symbolisch überholen. Wo – bitteschön – geht

Der französische Künstler Franck Scurti thematisiert und ironisiert in seiner Videoinstallation *Dirty Car* 1997 die intim-erotische Beziehung zwischen Auto und Besitzer.

▾

Unter dem Motto »Fetisch Auto« inszeniert Aktionskünstler HA Schult 1989 den Start der neuen Ford-Fiesta-Generation in Köln. Der Goldene Vogel findet 1991 seinen Platz auf dem Kölnischen Stadtmuseum und verlässt den Turm lediglich zur Restaurierung, wie im Jahr 2013.

das im nicht automobilen Bereich? Nicht umsonst finden sich die protzigsten Blechschleudern in sozialen Brennpunkten.
Und trotz kilometerlangen mobilen Stillstands steht das individuelle Auto für Freizeit, Freiheit, Abenteuer und die Unendlichkeit scheinbarer Möglichkeiten, die man doch selten nutzt. Es geht eben nicht darum, jederzeit gen Süden aufbrechen zu können, in strahlend-romantische Sonnenaufgänge, die uns die Werbung vorgaukelt. Es geht lediglich um die entlastende Idee, es jederzeit tun zu können, auch wenn andererseits klar ist, dass man es im Zweifel nie macht. Das Auto ist so etwas wie ein Möglichkeitsgefährt, ein Beförderungsmittel von Träumen und Illusionen. Wie heißt es deshalb im Talmud: »Tue nichts, was die Illusion zerstören könnte.«

AUTO
und Repräsentation

AUTO UND POLITISCHE MACHT

JOHANN-GÜNTHER KÖNIG

»Ich glaube an das Pferd.
Das Automobil ist eine vorübergehende Erscheinung.«

Wilhelm II., Deutscher Kaiser und König von Preußen von 1888 bis 1918

Das 20. Jahrhundert war das Säkulum des mit Verbrennungsmotoren angetriebenen Automobils und anderer Landfahrzeuge, vom Omnibus über den Lastzug bis hin zu Panzern für die Kriegführung. Es war das Jahrhundert, in dem diese auf fossile Kraftstoffe angewiesene Verkehrsmittelerfindung sämtliche Lebens- und Arbeitsbedingungen beeinflusste und die Umwelt und das Klima in einer Weise schädigte, wie keine Innovation zuvor. Von Anfang des 20. Jahrhunderts an war das Auto begehrtes Mittel der Repräsentation von Macht und Herrschaft und willkommene Bereicherung von Staatszeremoniellen.

Vor 1900 spielte das Auto hierzulande keine gesellschaftliche und wirtschaftliche Rolle. Fortan kam das für die Masse der Bevölkerung unerschwingliche Produkt vor allem in den Großstädten allmählich in Fahrt, weil Mitglieder des Geburts- und Geldadels zunehmend Pferd und Kutsche durch einen Motorwagen ersetzten. Zugleich versuchten die frühen deutschen Automobilfans im Gleichtakt mit den Herstellern, die neuartigen Vehikel mittels spektakulärer Autorennen, Langstrecken- und Zuverlässigkeitsfahrten zu popularisieren.

◄
Kaiser Wilhelm II. zusammen mit General Helmuth von Moltke (rechts).

▲
oben:
Prinz Heinrich von Preußen in Berlin-Charlottenburg am Start zur Prinz-Heinrich-Fahrt im Jahr 1910. Ausrichter der vom Prinzen gestifteten Tourenwagen-Konkurrenz ist der Kaiserliche Automobil-Club.

▲
unten:
Im ersten Jahr verläuft die Prinz-Heinrich-Fahrt vom 9. bis 17. Juli 1908 über die 2200 Kilometer lange Strecke Berlin–Stettin–Kiel–Hamburg–Hannover–Köln–Trier–Frankfurt am Main.

HOCHPOLITISCHER AUTOMOBILISMUS – DIE ERSTEN BLECHKULISSEN

An der Spitze der tonangebenden Kreise im Deutschen Reich stand neben Kaiser Wilhelm II. (1859 bis 1941) nicht zuletzt sein Bruder Prinz Heinrich von Preußen (1862 bis 1929). Der Marineoffizier gilt als Erfinder des Scheibenwischers und war ein einflussreicher Automobilist. Die ab 1908 durchgeführten Prinz-Heinrich-Fernfahrten sind mit seinem Wirken ebenso verbunden wie die Förderung der nach wie vor abgehaltenen Internationalen Automobil-Ausstellung. Kaiser Wilhelm II. wiederum soll zwar um 1900 gesagt haben: »Ich glaube an das Pferd. Das Automobil ist eine vorübergehende Erscheinung.« Tatsächlich aber machte er den Automobilismus gesellschaftsfähig. Ab 1904 ließ seine Hoheit den kaiserlichen Marstall mit Autos ausstatten; 1905 eröffnete er als erstes Staatsoberhaupt die 7. Internationale Automobil-Ausstellung. 1914 standen dem Herrscher und seiner Familie bereits 24 Personenwagen – sämtlich Sonderanfertigungen – zur Verfügung. Die preußischen Hoheitszeichen prangten an der Wagentür und am Heck, zudem verfügten alle kaiserlichen Autos über eine spezielle Viertonhupe, die anderen Verkehrsteilnehmern das Herannahen unüberhörbar signalisierte.

Da die Ausfahrten zumeist mit großem Gefolge stattfanden, wurde Wilhelms Wagen von bis zu zehn Automobilen begleitet. Die beeindruckende Größe und reiche Ausstattung der kaiserlichen Motorwagen demonstrierten dem zeitgenössischen Publikum die herausragende Rolle des neuen Individualverkehrsmittels sowie seiner Insassen – abgesehen von den beiden Chauffeuren, versteht sich, den »kaiserlich und königlichen Wagenführern«.

Was dem Kaiser recht war, konnte vielen Adeligen und Besitzbürgern fortan nicht gut und teuer genug sein. Und so kam das Automobil als Statussymbol und Privileg für wohlhabende Herren- und auch einige Damenfahrer bis zum Beginn des Ersten Weltkriegs unüberseh-, -hör- und -riechbar ins Rollen. Und was machten die zu jener Zeit noch sehr auf den Ausbau des Eisenbahnnetzes und öffentlichen Nahverkehrs fokussierten Politiker und Verwaltungen? Zunächst die Hände auf: Diverse deutsche Länderregierungen führten die sogenannte Stempelabgabe ein, gefolgt von Reifensteuern und Pflasterzöllen. Auch die Reichsregierung ließ sich nicht lange bitten und erhob ab 1906 eine Luxussteuer für Privatwagen.

Da sich die Fahrgeschwindigkeiten zusehends erhöhten und die Zahl der schweren Unfälle auf den von Pferdefuhrwerken, Reitern und Fußgängern viel genutzten Straßen heftig stieg, wuchs der Unmut insbesondere vieler Menschen auf dem Land gegen die »Herren über Raum und Zeit«. Sie wehrten sich – mit spontanen Aktionen und in der Presse – gegen Auspuffqualm und Benzingeruch, gegen Fahr-, Hup- und Motorenlärm, gegen die von den oftmals schlecht befestigten Fahrbahnen herrührende Staubplage und gegen die von vielen als lebensgefährdend hoch empfundenen Geschwindigkeiten. Theodor Lessing, der 1908 den »Anti-Lärm-Verein« ins Leben rief, vermerkte über das zusehends den Alltag prägende

▲
Rushhour im Jahr 1908: Menschen- und Verkehrsgewühl auf der Kreuzung Unter den Linden/Friedrichstraße in Berlin.

Kraftfahrzeug: »Niemals hat sich der Mensch mit mehr Gelärm, unter schrecklicherem Geruch über die Erde bewegt.«

Die Politik musste handeln, und sie tat dies zunächst durch den Erlass diverser lokaler und regionaler Polizeiverordnungen, die die Registrierungs- und Führerscheinpflicht, zulässige Höchstgeschwindigkeiten, technische Überwachungspflichten und anderes mehr vorschrieben. Da die Vielfalt unterschiedlicher Verordnungen in den deutschen Bundesstaaten bald kaum noch überschaubar war, drangen nicht zuletzt die Automobilisten und ihre Verbände darauf, die rechtlichen Grundlagen zu vereinheitlichen. Zudem beteiligten sie sich an der Entwicklung der ersten Verkehrsregeln, stellten Schilder auf und drangen auf den autogerechten Ausbau der Straßen. Über eine – im Laufe der Zeit immer mächtigere – Lobby verfügte der Automobilismus von Beginn an. 1893 reüssierte der Mitteldeutsche Motorwagen-Verein; 1899 – auf Anregung der Großherzogin Anastasia von Mecklenburg-Schwerin – der Deutsche Automobilclub, heute Automobilclub von Deutschland (AvD); 1903 die Deutsche Motorradfahrer-Vereinigung, aus der 1911 der Allgemeine Deutsche Automobil-Club (ADAC) hervorging, der inzwischen knapp 20 Millionen Mitglieder zählt. Schon 1900 ließ die Lobby die Regierungskreise wissen, die Bevölkerung müsse sich den neuen Verkehrsverhältnissen anpassen, weil das Automobil zum »ausschließlichen Locomotionsmittel des civilisierten Menschenbildes« bestimmt sei.

Dieser lobbyistische Einfluss auf die Entscheidungsträger wuchs mit der Zeit und war mitentscheidend für die sich dann herauskristallisierende, dem Auto entschieden Vorfahrt gewährende Straßenverkehrsgesetzgebung. Die im Februar 1910 erlassene »Verordnung des Bundesrates über den Verkehr mit Kraftfahrzeugen« beinhaltete eine Vielfalt gesetzlicher Regelungen, die im Kern noch heute Bestand haben. Zwei Monate später traten zudem die im Reichstag lange umstrittenen Bestimmungen über die Haftpflicht in Kraft. Sie beruhten und beruhen heute noch auf dem Prinzip der Gefährdungshaftung.

Viel Staat machen ließ sich seit dem Aufkommen des Automobils auch mit Militärfahrzeugen. Da die Oberste Heeresleitung vor allem an Lastkraftwagen und Zugfahrzeugen interessiert, ihr Budget aber begrenzt war, subventionierte der Staat deren Anschaffung durch private Käufer. Als 1914 der Erste Weltkrieg begann, gab es bereits mehr als 900 subventionierte Lastzüge. So überrascht nicht, dass ein Direktor der Daimler Motoren-Gesellschaft 1915 befand, der Krieg sei »für den Automobilismus« die »großartigste Propaganda, die man sich denken könne«, er habe »geradezu die Unentbehrlichkeit des Automobils« vor Augen geführt. Nun wuchsen zwar die Gewinne der sechs bedeutendsten deutschen Autobauer zwischen 1914 und 1916 so stark, dass sie die Dividendenausschüttung verdoppeln konnten. Ihre Automobile aber blieben ab 1915 für Zivilisten unerreichbar, erklärten doch die Militärbehörden alle Zulassungsbescheinigungen für ungültig und ließen fortan nur dem Gemeinnutz dienliche Kraftfahrzeuge zu. Das war zunächst ein Fünftel des Gesamtbestands, gegen Kriegsende aufgrund des knapp gewordenen Gummis noch erheblich weniger. Nach dem Ersten Weltkrieg kam die Produktion der deutschen Hersteller nur mühsam wieder in Gang.

OFFEN GEFAHRENE STAATSKAROSSEN

Dass Monarchen, Staatsoberhäupter und Spitzenpolitiker gleich welchen Geschlechts in nicht alltäglichen Vehikeln chauffiert werden, ist eine historische Konstante. Der heute noch übliche Begriff Staatskarosse leitet sich vom französischen *carrosse* ab und bezeichnete zunächst eine prächtige mehrspännige Kutsche mit reichen Verzierungen, seit dem frühen 20. Jahrhundert dann ein luxuriöses Vehikel, das mit vielen Pferdestärken (PS) angetrieben wird.

In einem beeindruckenden Doppelphaeton des Herstellers Gräf & Stift saßen bei ihrem Besuch in Sarajewo am 28. Juni 1914 das österreichisch-ungarische Thronfolgerpaar Franz Ferdinand und Sophie. Es war ein sonniger Tag, das Autoverdeck offen, und viele Schaulustige drängelten sich entlang der Strecke. Als die Wagenkolonne nach einigen unerwarteten Vorfällen sehr langsam fuhr, schoss ein serbischer Nationalist auf die beiden Hoheiten und verletzte sie tödlich. Auf das Attentat am 28. Juni folgte die Kriegserklärung Österreich-Ungarns an Serbien. Dies setzte Bündnismechanismen in Gang, die bald darauf Kriegserklärungen des Deutschen Reichs an Russland und Frankreich sowie von Großbritannien an das Deutsche Reich nach sich zogen.

Dass selbst eine Eskorte bei der Fahrt in einer offenen Luxuskarosse keinen Schutz vor Attentätern bietet, hatten die Ereignisse im Juni 1914 gezeigt. Dennoch nutzten im Laufe des 20. Jahrhunderts zahlreiche Spitzenpolitiker, Hoheiten und

▲ Das Attentat von Sarajewo: Darstellung des tödlichen Anschlags auf Franz Ferdinand, den Kronprinzen von Österreich-Ungarn, und seine Gattin Sophie in der französischen Zeitschrift *Le Petit Journal* vom 12. Juli 1914.

auch Päpste offene Luxusfahrzeuge als Bühne der Selbstdarstellung. Nicht zuletzt die menschenverachtenden Diktatoren Benito Mussolini, der 1935 unter anderem einen Alfa Romeo 6C 2300 Pescara Spyder Cabrio nutzte, und Adolf Hitler, der auf das Mercedes-Modell 770 K schwor.

In dieser gewaltigen Staatskarosse, die Daimler Benz seit 1930 herstellte, stand und saß der Diktator, der selbst keinen Führerschein besaß, bei seinen Fahrten und Machtinszenierungen. So ließ sich der »Führer« bei den Parteitagen in Nürnberg nach seiner Ankunft im offenen Wagen durch die von Tausenden von Menschen gesäumten, mit Hakenkreuzflaggen drapierten Straßen fahren. Die nationalsozialistische Propaganda nutzte diese automobilgestützte Machtdemonstration gezielt für ihre Zwecke.

Bemerkenswerterweise erfolgten die diversen Anschläge auf Hitler nicht anlässlich der Fahrten im offenen Wagen. Zwar wachte über ihn eine sorgsam zusammengestellte und schlagkräftige Schutztruppe aus bewaffneten Männern des Reichssicherheitsdiensts und der Leibstandarte SS Adolf Hitler, die als sogenanntes Führer-Begleitkommando über schnelle Mercedes-Fahrzeuge verfügten. Aber gegen den gezielten Schuss eines Attentäters auf ihren »Führer« wären sie machtlos gewesen. Dem nationalsozialistischen Diktator war die von ihm zur Machtdemonstration einkalkulierte dürftige Abschirmung bei Paraden durchaus bewusst. Er ließ sich deshalb als wohl erster Politiker in einem extrem gepanzerten Fahrzeug, wiederum vom Typ Mercedes 770, befördern. Der Wagen verfügte bereits über Windschutz- und Seitenscheiben aus Panzerglas und hatte beschusssichere Reifen, die in 20 Kammern unterteilt waren. Im Übrigen bestritt Hitler die meisten dienstlichen und privaten Autofahrten zum Schutz gegen Attentate wohlkalkuliert ohne Vorankündigung und »Führer«-Stander.

Erst nachdem US-Präsident John F. Kennedy im November 1963 in Dallas bei der Fahrt durch die jubelnde Menge in einem Lincoln Continental Cabrio erschossen worden war, stiegen in den westlichen Ländern die Politiker bei staatszeremoniellen Fahrten in geschlossene und zunehmend gepanzerte Staatskarossen um. Ausnahmen gab es weiterhin, in der Bundesrepublik Deutschland etwa beim Staatsbesuch von Queen Elizabeth II. und Prinz Philip im Jahr 1965. Stehend winkten sie aus einem Mercedes 600 Landaulet.

Im ehemaligen Ostblock hingegen wurde die politische Repräsentation in offenen Prachtlimousinen beibehalten. Die DDR-Staatsführung und ihre Staatsgäste ließen sich bei öffentlichen Auftritten, Paraden und Feiern in aller Regel mit sechs Meter langen sowjetischen Repräsentationswagen fahren – zunächst dem ZIS-110 V, dann dem ZIL-111 Cabriolet.

Als zum Beispiel Ende Juni 1963 der Erste Sekretär des Zentralkomitees (ZK) der KPdSU und Vorsitzende des Minis-

◄
Stehend in seinem offenen Mercedes 770 lässt sich Reichskanzler Adolf Hitler von seinen Anhängern auf dem Zeppelinfeld in Nürnberg feiern; Foto von Heinrich Hoffmann vom Reichsparteitag der NSDAP im September 1933.

Berlin 1963: US-Präsident John F. Kennedy besucht zum 15. Jahrestag der Berliner Luftbrücke West-Berlin. Trotz der Sicherheitsvorkehrungen hat ein Mann mit einem Kind auf den Schultern die Absperrungen durchbrochen. Der Regierende Bürgermeister Willy Brandt (Mitte) beobachtet die Szene, Bundeskanzler Konrad Adenauer (rechts) winkt in die Menge.

Berlin 1965: Großbritanniens Königin Elizabeth II. und Prinz Philip in einem Mercedes 600 Landaulet bei ihrem Staatsbesuch in West-Berlin.

terrats der UdSSR, Nikita S. Chruschtschow, anlässlich des 70. Geburtstags des Ersten Sekretärs des ZK der SED und Vorsitzenden des Staatsrats der DDR, Walter Ulbricht, zu einem Freundschaftsbesuch in die »Hauptstadt der DDR« kam, diente die von einer Motorradeskorte begleitete, »begeistert umjubelte« Fahrt in einer offenen Luxuslimousine als Selbstvergewisserung propagandistisch behaupteter sozialistischer Stärke. Sie ließ zugleich keinen Zweifel daran, von welchem »großen Bruder« die DDR auch hinsichtlich repräsentativer Fahrzeuge abhängig war.

Walter Ulbricht erwirkte 1954 einen Ministerratsbeschluss zum Bau einer prestigeträchtigen Limousine, dem die Entwicklung der Staatskarosse P 240 im ehemaligen Horch-Werk in Zwickau folgte. Der Wagen wurde von 1955 bis 1959 als viertüriger Sechssitzer in Kleinserie produziert – ab 1958 nicht mehr mit dem Horch-, sondern mit dem S-Logo von Sachsenring. Auch Wilhelm Pieck, von 1949 bis 1960 Präsident der DDR, stand ein P 240 zur Verfügung.

Es kamen jedoch nicht mehr als etwa 1 500 der Sechszylinder-Renommierwagen in den Verkehr – darunter fünf schwarze Cabriolets für die Nationale Volksarmee. Zum einen drängte die UdSSR auf den Bau von Nutzfahrzeugen, zum anderen gab es ständig Materialbeschaffungs- und Produktionsprobleme. Die Staatsführung nutzte bei Paraden weiterhin sowjetische Staatskarossen, unter Erich Honecker das Tschaika GAZ-13/14 Cabriolet. Das Ministerium für Staatssicherheit hatte offenbar keine größeren Bedenken gegen diese risikobehaftete Repräsentation von Macht.

DIENSTWAGEN VOR DEM MAUERFALL

Mit prachtvollen Automobilen ließ sich im 20. Jahrhundert wahrlich Staat machen – auch in Form diplomatisch »beziehungsförderlicher« Geschenke. Nur zwei Beispiele: Wilhelm Pieck erhielt 1951 zum 75. Geburtstag von Josef W. Stalin ein siebensitziges ZIS-110 Cabriolet; Leonid I. Breschnew wurde 1973 von Bundeskanzler Willy Brandt ein Pagode-Mercedes 450 SLC geschenkt.

Staatskarossen dienten nicht zuletzt zur Demonstration des Machtanspruchs gegenüber der eigenen Bevölkerung. Zudem hatten sie ihre Funktion im Rahmen des Staatszeremoniells beim Empfang ausländischer Würdenträger. In der Exportnation Bundesrepublik Deutschland galten sie auch als Bekenntnis zur Oberklassefahrzeuge herstellenden Autoindustrie. In der DDR sollten sie die »brüderlichen« Verbindungen mit der Sowjetunion und die Handelsbeziehungen mit europäischen Autokonzernen dokumentieren. Die Kanzler und Präsidenten Westdeutschlands fuhren zunächst überwiegend Karossen mit dem Stern. Der gut fünf Meter lange Mercedes 300 von Bundeskanzler Konrad Adenauer – der »Adenauer-Mercedes« – avancierte ab Beginn der 1950er Jahre zu einem begehrten Referenzmodell der Oberklasse; der ab Mitte der 1960er Jahre gebaute Mercedes 600 war für Repräsentationszwecke nicht minder begehrt.

Bundeskanzler Helmut Kohl, der den Prozess der Wiedervereinigung 1989/90 entscheidend mitgestaltete, schätzte die

▲

Konrad Adenauer 1955 im Kreis seiner Delegation beim Einstieg in seinen Mercedes 300, den er im Sonderzug mit zu den diplomatischen Verhandlungen nach Moskau genommen hat.

▲

Staats- und Parteichef der UdSSR Nikita Chruschtschow (links) besucht am 28. Juni 1963 anlässlich des 70. Geburtstags von Walter Ulbricht die DDR. Die Polizei eskortiert die Staatskarossen auf Motorrädern während der Fahrt über die Karl-Marx-Allee in Ost-Berlin.

voluminöse Baureihe W 140 von Mercedes. Sein 500 SE war – zu jener Zeit für Spitzenpolitiker bereits selbstverständlich – gepanzert.

Die Mitglieder der DDR-Staatsführung fuhren bis Ende der 1970er Jahre zumeist geräumige Limousinen sowjetischer Bauart – seit dem Volksaufstand von 1953 spöttisch als »Bonzenwagen« tituliert. Ab den 1970er Jahren wandelte sich der Dienstwagenfuhrpark des DDR-Staats- und Ministerrats, da die Wirtschaftsbeziehungen mit westeuropäischen Staaten den Ankauf »standesgemäßer« Edellimousinen ermöglichten. Diese fielen schon deshalb auf, weil die eigene Autoindustrie solche Modelle nicht produzierte. Mit einem Wartburg oder gar Trabant wollten sich weder Erich Honecker noch seine Regierungsmitglieder bei öffentlichen und zumal diplomatischen Anlässen bescheiden. Rund 100 Volvo 264 TE (Top Executive) standen den Ministerien zur Verfügung. Erich Honecker, Generalsekretär des ZK der SED, Vorsitzender des Staatsrats der DDR und Vorsitzender des Nationalen Verteidigungsrats, erhielt ein speziell angefertigtes Sonder-Landaulet-Modell. Als sich die Zusammenarbeit mit dem Autobauer Citroën, der Gelenkwellen lieferte, verstetigte, wuchs der Fuhrpark entsprechend an – ein von Erich Honecker geschätzter Dienstwagen wurde in den 1980er Jahren der vom schwedischen Karosseriebauer Nilsson gestreckte Citroën CX 2300 Prestige – ausgestattet mit Ledersitzen, Autotelefon, Blaulicht und Stander.

Nun fuhren die bundesdeutschen Regierungspolitiker zu jener Zeit auch keine Klein- oder schlichten Mittelklassewagen. Anders als in der DDR, wo die Bevölkerung an zehnjährige Pkw-Auslieferungstermine gewöhnt war, konnten die kaufkräftigen »Normalbürger« im Westen allerdings problemlos auf ein großes Angebot neuer, gebrauchter und auch kreditfinanzierter Autos aller Art zugreifen und hatten deshalb weit weniger Anlass, die Staatskarossen als unstatthaften Luxus zu werten. Die Dienstwagen der führenden Landespolitiker kommen seit Bestehen der Bundesrepublik aus der Produktion der von ihnen aus naheliegenden Gründen präferierten Hersteller: in Bayern etwa stets von BMW oder Audi, in Baden-Württemberg von Daimler, in Bremen bis in die frühen 1960er Jahre zumeist von Borgward, in Nordrhein-Westfalen und Hessen jahrzehntelang von Opel, in Niedersachsen von VW/Audi. Die Bundesregierung, die anfangs Mercedes favorisierte, bezog ab den 1990er Jahren die Dienstwagen zunehmend von Audi, BMW und – nicht zufällig während der Kanzlerschaft des ehemaligen niedersächsischen Ministerpräsidenten Gerhard Schröder – von VW. Heutzutage finden sich im Fuhrpark der Bundesregierung Oberklasse-Limousinen aller deutschen Hersteller.

Die alljährlich vom Verein Deutsche Umwelthilfe publizierten CO_2-Vergleiche der Pkw von Bundesministern, Ministerpräsidenten, Umweltministern der Länder sowie von Staatssekretären lassen an der mangelnden Umweltverträglichkeit von deren Dienstwagen keinen Zweifel. Der Verein weist darauf hin, die Spitzenpolitiker würden zwar die Bundesbürger dazu anhalten, Ressourcen einzusparen und in Elektrowagen umzusteigen, sich aber selbst nicht an diese Maxime halten.

▲

Feiern zum 40. Jahrestag der DDR: Am 7. Oktober 1989 fahren Wagenkolonnen mit dem Staats- und Parteichef der UdSSR Michail Gorbatschow und Erich Honecker durch Ost-Berlin.

◄ Flagge zeigen: Mit Stander am rechten Kotflügel und in protokollarisch korrekter Reihenfolge parken die Dienstwagen für die Leiter der fünf Verfassungsorgane Bundespräsident, Bundestagspräsident, Bundeskanzler, Bundesratspräsident und Präsident des Bundesverfassungsgerichts am Gendarmenmarkt in Berlin. Anlass für diese »Protokollfahrt« 2012 ist die Trauerfeier für die Opfer der NSU-Morde.

Ab 2022 gilt der neu festgelegte EU-Grenzwert von 95 g CO_2/km. Ob ihn die Dienstwagen der Mitglieder der Bundes- und Landesregierungen einhalten werden – wer weiß?

POLITIK RUND UMS AUTO

Im wiedervereinigten Deutschland erfolgen heutzutage gut 80 Prozent aller Personenbeförderungen durch Pkw und knapp 70 Prozent der Transporte durch Lkw. Möglich ist das nur, weil die politisch Zuständigen seit dem Aufkommen des Automobils immer umfassender für den notwendigen Straßen- und Autobahnbau, die Schaffung von Halte- und Parkplätzen, den Kraftverkehr begünstigende Verkehrsregeln und Regelungsanlagen und anderes mehr gesorgt haben. Ohne den gewaltige Steuergelder verschlingenden Ausbau der Verkehrsträger für den fließenden und ruhenden Kraftfahrzeugverkehr, ohne die Herrichtung von »verkehrsgerechten« Städten und die Anlage von Hoch- und Ortsumgehungsstraßen wäre die Massenmotorisierung nicht zustande gekommen.

Im vereinigten Deutschland sind heute mehr als 45 Millionen Pkw zugelassen. Die Automobilindustrie hat sich zur größten Branche des verarbeitenden Gewerbes entwickelt. Sie beschäftigt direkt über 790 000 Personen und bildet den umsatzstärksten deutschen Industriezweig. Zudem ist sie die forschungsstärkste Branche im Lande. Nicht zu vergessen: Mehr als 75 Prozent der in Deutschland produzierten Pkw werden exportiert. Eben deshalb steht der möglichst friktionslose Zugang zu den Auslandsmärkten im Zentrum der politischen Interessen der deutschen Automobilindustrie – und der Bundesregierung. Das Bundesministerium für Wirtschaft und Energie versichert: »Wir wollen, dass die Automobilindustrie mit ihren Partnern weiterhin am Standort Deutschland produziert, investiert, forscht und beschäftigt. Dafür müssen die Rahmenbedingungen entsprechend gestaltet und verbessert werden. Dafür setzt sich das BMWi ein.«

Kurz, das quasi klassische Symbol der Macht, die Staatskarosse, symbolisiert hierzulande bestenfalls die seit gut einem Jahrhundert automotorisierungsförderliche Politik ihrer Insassen. Die deutschen Oberklassewagen der Spitzenpolitiker fallen ohnehin rein äußerlich nicht mehr aus dem Rahmen, obwohl ihre inneren Werte schon aus Sicherheitsgründen keinem Serienmodell entsprechen. Kugelsichere Scheiben und Run-flat-Reifen, integrierte Frischluftanlagen mit automatischer Verriegelung bei Gasangriffen sind heute Standard. Dennoch ändert selbst die Verfügung über allzeit bereite Chauffeure nichts an der Tatsache, dass Dienstwagen nur mehr ein bequemes Transportmittel zur Einhaltung von dicht gedrängten Terminen sind, die vorbereitet sein wollen: Akten im Licht der Leselampe studieren, Dienstgespräche führen oder Reden vorbereiten. Dass sich mächtige Präsidenten, wie

► Stander des Bundespräsidenten: Die Bundesrepublik übernimmt weitgehend die Staatssymbole der Weimarer Republik, so auch das deutsche Wappen aus der Standarte des Reichspräsidenten.

▲

Bundestagsabgeordnete der Grünen stellen im April 1983 ihr erstes Dienstfahrrad vor: Auf dem Fahrrad sitzt Marieluise Beck, Sprecherin der Bundestagsfraktion in Bonn.

◄ Alexander Dobrindt (CSU), Bundesminister für Verkehr und digitale Infrastruktur, zeigt sich 2015 mit seinem Elektro-Dienstwagen BMW i3.

etwa im April 2016 Barack Obama, bei Staatsbesuchen darauf verlassen können, dass auf ihrer Fahrroute sämtliche Gullydeckel versiegelt werden und sich die Anwohner von den Fenstern fernhalten, um Irritationen der Sicherheitskräfte zu vermeiden, gehört auch in dieses Bild. Die Staatskarosse selbst hat im öffentlichen Raum für die Ästhetisierung politischer Macht so gut wie ausgedient. Dass sie für Diplomaten im Rahmen der international gewährten Privilegien im Straßenverkehr einen vor Strafverfolgung schützenden Raum bietet, ist so erstaunlich wie reformbedürftig. So dürfen gegen Diplomaten keine Maßnahmen erfolgen wie etwa die Entnahme von Blutproben oder die Durchführung eines Alkohol-Atemtests gegen ihren Willen, die Verhängung von Verwarn- oder Bußgeldern bei Verkehrsordnungswidrigkeiten und das Anbringen von Parkkrallen an Fahrzeugen mit Diplomatenkennzeichen.

Schon 1983 machten Abgeordnete der Grünen mit einem Dienstfahrrad auf eine umweltfreundliche Alternative zu Dienstwagen aufmerksam. Inzwischen können Arbeitgeber ihren Mitarbeitern Dienstfahrräder zu gleichen Konditionen wie für Dienstwagen zur Verfügung stellen, fahren umweltbewusste Landesminister schon aus Gründen der Bürgernähe häufiger mit dem Fahrrad vor. Wird ein Staatsdrahtesel der Extraklasse womöglich der herkömmlichen Staatskarosse eines Tags selbst bei Staatsempfängen den Rang ablaufen? Wohl kaum. Im Rahmen ihres Programms »Elektromobilität« hat die Bundesregierung beschlossen, sukzessive neue Dienstwagen mit umweltfreundlichen Motoren anzuschaffen, die weniger als 50 g CO_2/km ausstoßen. Für die geschützten Staatskarossen der obersten Hierarchiestufe sowie der Pkw von Staatssekretären sind die Vorgaben allerdings weniger strikt. Die um 2016 von den deutschen Oberklasseherstellern offerierten Benzin- und Diesel-Hybrid-Pkw erreichen bestenfalls um die 100 g CO_2/km.

Wenn nicht alles täuscht, werden in den kommenden Jahren zunehmend Elektrowagen den Automarkt bereichern. Branchenbeobachter gehen davon aus, dass um 2030 jeder dritte in Europa zugelassene Neuwagen leise mit einem Elektromotor durch die Lande gleitet. Die Bundesregierung verkündete bereits 2008, dass mittelfristig »elektrische Fahrzeugantriebe« die »größten Potenziale« für die Emissionsminderung böten. Bis heute haben die Elektrowagen allerdings den Nachteil geringer Reichweiten. Zum einen weil die derzeitig verfügbaren Lithium-Ionen-Batterien bei längeren Fahrten mit Richtgeschwindigkeit – zumal bei widrigen Wetterverhältnissen und Kälte – schnell an ihre Grenzen kommen, zum anderen weil das noch extrem dünne »Tankstellen-« beziehungsweise Ladestationen-Netz sowie der Stecker-Wirrwarr den Betrieb eines Elektrowagens auf Langstrecken zur Herausforderung machen. Für die berufsbedingt viel und stundenlang auf Achse befindlichen Spitzenpolitiker sind die elektrischen Pkw gegenwärtig noch keine ideale Wahl. Gut möglich, dass die von deutschen Oberklasseherstellern avisierten »edlen« Crossover-Modelle tendenziell genau das ermöglichen, was ein Automobil erst zur »richtigen« Staatskarosse macht – und mit einer Sonderausstattung als Hochsicherheitsfahrzeug aufwarten.

BLICK PUNKT

STEFAN THIELE

Erich Honeckers Range Rover

Luxus-Wagen für die DDR-Führung: der 1985 zum Jagdwagen umgebaute Range Rover als Halbcabrio. Der Ankauf erfolgt über die Kommerzielle Koordinierung unter Alexander Schalck-Golodkowski.

Die West-Berliner Firma Karosserie Friedrich Rometsch dokumentiert den aufwendigen Umbau des Range Rovers.

Dass sich die politischen Größen der einstigen DDR oft und gerne in westlichen Automobilen chauffieren ließen, gehört zu den Absurditäten einer angeblich klassenlosen Gesellschaft. Verlängerte Limousinen der Marken Citroën und Volvo dienten den Machthabern als prestigeträchtige Vorzeigekarossen. Den Staatsratsvorsitzenden Erich Honecker aber langweilten die französisch-schwedischen Luxusgefährte – für ihn mussten es Geländewagen aus Großbritannien sein. Als 1982 Honeckers 70. Geburtstag anstand, beauftragte Günter Mittag, Stellvertretender Vorsitzender des Staatsrats der DDR und enger Jagdgefährte, den britischen Automobil-Veredler Morgan mit dem Umbau eines Range Rovers zu einem verlängerten Cabrio-Jagdwagen. In Zusammenarbeit mit einem deutschen Spezialisten im niedersächsischen Lingen stellte Morgan ein automobiles Unikat auf die Räder. Die geforderten 212 765,56 DM zahlte Mittag aus der staatseigenen Devisenkasse. Nach nur zwölf Wochen und pünktlich zu Honeckers Geburtstag konnte Mittag einen Range Rover präsentieren, wie ihn die Welt noch nicht gesehen hatte. Der Umbau verfehlte seine Wirkung nicht. Umgehend orderte Honecker drei weitere Range-Rover-Jagdwagen. Diese baute die West-Berliner Karosserieschmiede Rometsch zwischen 1985 und 1989 in aufwendiger Einzelfertigung um.

Umbauten in West-Berlin

Die 2001 in Konkurs gegangene Firma Karosserie Friedrich Rometsch im großbürgerlichen Berlin-Halensee galt seit ihrer Gründung im Jahr 1924 als eine der ersten Adressen für das Karosseriehandwerk. In den 1950er Jahren wurde das Unternehmen für seine VW-Umbauten bekannt, darunter ein viertüriges Käfer-Taxi. Filmstars wie Audrey Hepburn und Gregory Peck fuhren bildschöne Rometsch-Beeskow Cabrios in Beverly Hills spazieren. Mit dem Mauerbau 1961 verlor Rometsch über Nacht die Hälfte seiner 50 Fachkräfte, die im abgesperrten Ostteil der Stadt wohnten – ein Schock für den Karosseriebauer. Schon bald sah sich der Betrieb gezwungen, auf Unfallreparaturen umzusatteln. Der lukrative Auftrag von jenseits des »Eisernen Vorhangs« kam da nicht ungelegen. Chefkonstrukteur Manfred Quillfeld setzte damals sein gesamtes Können ein. Zuerst wurde das Chassis eines serienmäßigen Range Rovers um 50 Zentimeter verlängert und der Karosserieaufbau um 5 Zentimeter erhöht. Tiefgreifende Modifikationen bedingten die kostspielige Einzelfertigung neuer Karosseriebleche und sämtlicher Seitenscheiben. Ein elektrohydraulisch betriebenes Stoffverdeck aus einem Rolls Royce Corniche ersetzte den festen Dachaufbau, sodass die hinteren Mitfahrer im Freien sitzen konnten.

◄ »Staatsjagdgebiet«: Diese Verkehrsschilder sollen das Jagdrevier Schorfheide vor dem Zutritt Unbefugter schützen. Zwischen 1962 und 1989 gehört die Schorfheide mit etwa 20000 Hektar zur »Jagdwirtschaft der NVA«.

Für den äußerst komplizierten Umbau wurde das Fahrzeug durchtrennt, Rahmen- und Schwellerteile mussten speziell angefertigt und eingeschweißt werden, das mittlere Bodenteil kam neu, die beiden hinteren Seitenwände wurden verstärkt und die rückwärtigen Türen um 12 Zentimeter gestreckt und innen mit einer elektrisch verstellbaren Gewehrauflage versehen, sodass die Jäger vom Wageninneren aus schießen konnten. Kardanwelle und Auspuffanlage wurden ebenso wie der elektrische Kabelbaum und die Benzinleitung speziell angefertigt.

Insgesamt wuchs die Fahrzeuglänge um 68 Zentimeter auf staatstragende 5,15 Meter. Ein Rammgitter und eine elektrische Seilwinde aus US-amerikanischer Produktion signalisierten Offroad-Kompetenz. An die Dachsäulen schraubte man mächtige Suchscheinwerfer. Alu-Trittleisten unter den Seitentüren waren ein Zugeständnis an den beinamputierten Jagdgefährten Günter Mittag.
Die komplizierten Umbauten benötigten ein ganzes Jahr. War ein Honecker-Jagdwagen fertiggestellt, folgte sogleich der nächste Aufbau. All dies geschah unter größtmöglicher Geheimhaltung. Aus Furcht vor elektronischer Verwanzung durch westliche Geheimdienste wies Firmenbesitzer Rometsch seine Mitarbeiter zu strengster Verschwiegenheit an.

▼ In der Höhe justierbare Gewehrauflagen sollen die Treffsicherheit steigern.

▲
Jagdgesellschaft vor dem Jagdhaus Wildfang Mitte der 1980er Jahre. Von links nach rechts: Manfred Feist, Horst Sindermann, Erich Honecker, Erich Mielke, Günter Mittag, Martin und Elli Kelm.

Ein Leibwächter berichtet

Die Jagdausflüge der schießwütigen Genossen begleitete stets Bernd Brückner, der 20 Jahre lang als Leibwächter im Dienst von Erich Honecker stand. Der heutige Chef einer Berliner Sicherheitsfirma berichtet, dass Honecker trotz arktischer Temperaturen darauf bestand, das Verdeck des Range Rovers stets offen zu halten. Gerne erlegte Honecker eigens für die Jagd aus Ungarn importierte Hirsche. Auf unwaidmännische Art wurden die Tiere an Futterstellen zusammengetrieben und mit starken Scheinwerfern geblendet. Jeder Abschuss wurde penibel notiert, und stets wurde darauf geachtet, dass der Staatsratsvorsitzende die meisten Abschüsse vorweisen konnte. Wildgerichte verabscheute Honecker jedoch.

Wiederentdeckung der Range Rover

Die Range Rover galten nach dem Untergang der DDR als verschollen, bis die Verwertungsgesellschaft für Bundeseigentum (VEBEG) Honeckers Fahrzeugpark im Jahr 1994 meistbietend verkaufte. Westdeutsche Geschäftemacher griffen zu. Sie rechneten sich einen guten Verdienst oder zumindest eine solide Wertanlage aus. Die Jagdwagen wurden zu Spekulationsobjekten

▲
Jagdfreunde: Erich Honecker knüpft auf Jagdausflügen wichtige politische und persönliche Kontakte zum sowjetischen KP-Chef Leonid I. Breschnew, die ihm 1971 den Weg an die Staatsspitze ebnen.

und verschwanden meist unerkannt in Privatgaragen.
Der erste Honecker-Jagdwagen aus der britischen Morgan-Manufaktur wurde im Jahr 2004 bei einem Autohändler in der Nähe von Karlsruhe entdeckt. Der damalige Besitzer stimmte einer umfangreichen Fotodokumentation zu, bevor er den Wagen kurze Zeit später an einen Kölner Unternehmer verkaufte.
Dies ist der Originalumbau, von dem Rometsch die drei folgenden Jagdwagen ableitete.
Im Jahr 1995 bot ein Berliner Autohändler Honeckers Jagdwagen Nummer 2 erstmalig an. Anfangs verlangte er 150 000 DM. Interessenten waren vorhanden, doch kam es zu keinem Verkauf. In der Folgezeit ließen auflaufende Kosten, Euro-Umstellung und Oldtimer-Boom eine Neubewertung des Wagens angebracht erscheinen.
Mit einer Laufleistung von nur 10 000 Kilometern bescheinigte ein Wertgutachten den hervorragenden Zustand und schätzte den Marktwert auf 175 000 Euro.
Im Depot des Deutschen Technikmuseums in Berlin steht Jagdwagen Nummer 3. Im Jahr 2008 wurde die Karosse der Öffentlichkeit auf einer Sonderschau der Messe Auto Mobil International (AMI) in Leipzig gezeigt. Erstmals konnte sich die Öffentlichkeit ihr eigenes Bild von Honeckers Lieblingsjagdwagen machen. Der Umbau dieses Range Rovers hatte den SED-Staat 337 582,35 DM gekostet.
Der vierte und letzte Range-Rover-Jagdwagen war der ausgereifteste, mit einem Preis von 403 047 DM aber auch mit Abstand der teuerste. Im Jahr 1989, nur wenige Monate vor dem Mauerfall, wurde das Fahrzeug in die bereits taumelnde DDR ausgeliefert und auch bezahlt. Zu dieser Zeit verloren sich die Spuren, bis das Foto eines Range Rover Landaulets unter Palmen in Portugal auftauchte. Dieser Wagen steht nun seit mehreren Jahren in einer Garage in Berlin.

Eine Ausfahrt in Honeckers Range Rover

»Wirklich alles an diesem Auto ist original.« Nicht ohne Stolz chauffiert Wenzel Nowak seinen Jagdwagen über die Autobahn. Seit fast 20 Jahren ist der Berliner Autohändler Eigentümer des ersten Umbaus aus der Karosserieschmiede Rometsch, und sichtlich genießt er die Fahrt. Mit Tempo 110 geht es von Berlin kommend in Richtung Rostock. »Schneller fahre ich nur ungern, aus Rücksicht auf die alten Reifen.« Ersatz ist natürlich erhältlich, aber für Nowak wäre der Wagen dann nicht mehr authentisch. In Malchow verlassen wir die A 19 und erreichen den Ort Drewitz. Auf der Hauptstraße weist ein unauffälliges Schild zum gleichnamigen See. Wir fahren einige Kilometer durch dichten Baumbestand und parken den

Range Rover vor einem prachtvollen Anwesen. In der ehemaligen Jagdresidenz Erich Honeckers gaben sich vor 30 Jahren die Parteichefs aus den befreundeten Ostblockländern die Klinke in die Hand. Hier frönte der Despot zusammen mit kommunistischen Führern wie Nicolae Ceauşescu und Leonid I. Breschnew seiner Jagdleidenschaft. Um die Abgeschiedenheit der Genossen zu garantieren, war sogar die Autobahn im weiten Bogen um das staatliche Jagdgebiet herumgebaut worden. Eine niederländische Investorengruppe hat die Immobilie ersteigert und in einen Hotelkomplex umgebaut. Jetzt soll die Heidelandschaft Ferienurlauber hierherlocken. Den Gästen stehen neben Apartments auch insgesamt fünf Zimmer im Haupthaus zur Verfügung, darunter die »Honecker-Suite« mit Originalmobiliar. Den Haupteingang ziert die pferdegezogene Jagdkutsche Honeckers.

▾ Heute ist die ehemalige Jagdresidenz in der Nähe von Drewitz ein Hotel.

AUTO

und Freiheit

ORIGINAL
ERSATZTEILE
Seit sechs Jahren täglich durch sengende Sonne,
durch unwegsame Wüste.
Und dabei zuverlässig und munter wie am ersten Tag
durch Original - VW * - Ersatzteile.
* auf das kommt's an

FORMEN DER AUTOMOBILEN FREIHEIT

WOLFGANG RUPPERT

Ein populärer und völlig unprätentiöser Slogan zum Begriff Freiheit lautet: »Frei bist Du dann, wenn kein anderer über Dich bestimmen kann.« Diesen Sinn von Freiheit mag Otto Julius Bierbaum 1903 gemeint haben, als er das damals neuartige Autoreisen von der an eine Bahnlinie gebundenen und in Fahrplänen organisierten Eisenbahnreise unterscheiden wollte: »Wir werden nicht mehr gereist, wir reisen wieder selbst.« Tatsächlich erlangte der Fahrer mit der Nutzung des Automobils mehr Freiheit zur Selbstbestimmung. Er traf seine Entscheidungen über das Fahrziel, über die Geschwindigkeit sowie die Pausen selbst. Dies bedeutete einen erheblichen Gewinn an Handlungsoptionen des Individuums. Mit diesen Qualitäten wurde das Auto zu einem Schlüsselobjekt der Moderne. Es erlebte einen Siegeszug durch alle Modernisierungsphasen hindurch und in allen von der Zivilisation erschlossenen Regionen der Welt. In der Kulturgeschichte des Autos sind unterschiedliche Formen von Freiheit zu unterscheiden.

»Das Auto ist erfunden worden, um den Freiheitsspielraum des Menschen zu vergrößern, aber nicht, um den Menschen zum Wahnsinn zu treiben.«

Enzo Ferrari, Rennfahrer und Gründer von Ferrari

◄

Ansichtskarte aus den 1950er Jahren: VW Busse dienen zunächst als Nutzfahrzeuge. Mit steigendem Wohlstand und Zunahme des Tourismus wird der Kleinbus auch für Campingurlaube eingesetzt.

WUNSCHTRÄUME

Um den Stellenwert des Autos zivilisationsgeschichtlich angemessen einordnen zu können, ist es wichtig, sich die vor seiner »Erfindung« möglichen Bewegungsformen zu vergegenwärtigen. Der Nutzen von Schnelligkeit bei der Jagd und im Kampf, auf der Flucht vor Feinden, im Krieg sowie in Notfällen hatte sich als uraltes Erbe des Erfahrungswissens in die Anthropologie des Menschen eingeschrieben. Es zählt daher zu den Urträumen der Menschheit, weite Strecken schneller als alle anderen zurücklegen zu können. Die allerlängste Zeit war dies nur für einen gut trainierten Läufer, einen Reiter oder – in nun schon deutlich jüngerer Zeit seit etwa 5 000 Jahren – einen von Pferden gezogenen Wagen vorstellbar.

Lange Zeit hatte ein schneller Reiter auf einem guten Pferd den Vorteil, Nachrichten zuerst zu überbringen, in Geschehnisse einzugreifen, seine Ziele gegenüber Konkurrenten durchzusetzen oder einer Bedrohung zu entkommen. Diese unter Umständen lebenserhaltende Bedeutung von Schnelligkeit ist über die Narrative der Western-Filme auch in der Bildwelt der Gegenwart präsent. Ferner verbinden sich in der modernen Mythenwelt mit diesem kulturellen Vorstellungsgenre die Trecks der Siedler des 18. und 19. Jahrhunderts in den Westen der USA, auf der Suche nach Freiheit und einem besseren Leben durch Landnahme in einer noch unbesiedelten, weiten Landschaft. Zugleich symbolisiert der Pferdewagen in unserer fotografischen Bilderwelt die Flucht vor feindlichen Truppen in der Folge der Kriege des 20. Jahrhunderts. Neben dem

◄ Mercedes-Benz lässt 1926 in einer Werbeanzeige Auto und Pferd gegeneinander antreten, um die Überlegenheit des motorisierten Fahrzeugs zu demonstrieren.

beschwerlichen Fußmarsch nutzen die Flüchtlinge seit der zweiten Hälfte des 20. Jahrhunderts Automobile für ihre Fahrt an einen sicheren Ort.

In diese vielschichtigen, mit der langen Erfahrungsgeschichte der Menschheit verbundenen Vorstellungsszenarien ist die Fähigkeit zur schnellen Fortbewegung bei der Durchquerung des Raums eingebunden. Der Begriff »Freiheit« hat in diesem Kontext einen höchst konkreten Sinn, sowohl von einer selbstbestimmten Handlungsfähigkeit als auch, um das Unterworfenwerden durch fremde Gewalt abzuwenden.

Diese lange Erfahrungsgeschichte erinnert uns daran, dass das Auto eine im Verhältnis sehr junge Erscheinung unserer Zivilisation ist. 1886 erfunden, begleitet es seither in Europa etwa vier bis sechs Generationen im Alltagsleben. Oldtimer veranschaulichen diese Zeitdifferenz auf ihren Paraden optisch in ihrer Form und in den technischen Eigenschaften.

Die Wunschträume konzentrieren sich in unserer gegenwärtigen Konsumgesellschaft auf im Design »zeitgemäße«, im Komfort attraktive und in den technischen Merkmalen innovative Autos. Es ist kein Zufall, dass diese in allen James-Bond-Filmen seit den 1960er Jahren präsent sind. Der Geheimagent nutzt dieses Wunderauto im Kampf gegen Todesgefahr und zum Schutz anderer. Diese Mensch-Maschine-Beziehung verhilft ihm – wenn auch durch äußerste körperliche Anstrengung – zu nahezu unbeschränkten Aktions- und Bewegungsspielräumen. Dies ist nur möglich, weil in die Konstruktion dieses Autos zusätzliche Motorleistung und Apparate eingebaut wurden, die ihm die Qualitäten eines zivilisatorischen Objekts von höchster technischer Modernität verleihen. Dieser Hintergrund an Erfahrungen und Vorstellungen bildet in der Menschheitsgeschichte einen zivilisatorischen Ort, in dem die Erfindung und Entwicklung des Automobils in der Moderne auch symbolisch ihre Bedeutungen gewannen.

HERRSCHAFT ÜBER RAUM UND ZEIT

Otto Julius Bierbaum formulierte 1906 hellsichtig, dass mit dem »fast ideal zu nennenden Verkehrsmittel« eine »neue Epoche des Reisens« beginne. Im selben Jahr brachte es die *Allgemeine Automobil-Zeitung* auf den Begriff: »Das Auto, es will dem Menschen die Herrschaft über Raum und Zeit erobern, und zwar vermöge der Schnelligkeit der Fortbewegung.« Beim Auto entfalle zudem die Infrastruktur der Eisenbahn: »verhältnismäßig frei waltet der Mensch über Raum und Zeit«. Dieser Freiheitsgewinn motivierte zunächst vor allem risikobereite Menschen zum Kauf eines Wagens.

Es war somit die eigenständige Herrschaft über Raum und Zeit, die dem Autofahrer neue Dispositionsmöglichkeiten eröffnete, über die Art, Dauer und Richtung seiner Fahrt souverän bestimmen zu können. Er war lediglich den Grenzen der Verkehrswege, der Straßenverkehrsordnung und den Verkehrsregeln, dem Zustand der Straßen und den natürlichen Bedingungen der Landschaft unterworfen.

Daher gab die Auswahl des richtigen Autos den Ausschlag dafür, wie der Autofahrer seine Bewegungsfreiheit ausgestalten konnte. Für die ersten Automobile der späten 1880er und 1890er Jahre warben Anzeigen noch damit, dass der vermögende Käufer mit der Anschaffung der motorgetriebenen Kutsche die Kosten für die Pferdehaltung und vielfach den Kutscher einspare. Das bis heute übliche Messen der Motorleistung in Pferdestärken (PS) repräsentiert somit noch immer die Ausgangssituation – eine Kutsche mit eingebautem Antriebsmotor.

Es sei das moderne Streben nach »Schnelligkeit der Fortbewegung«, das der Richtung der technischen Erfindungen zugrunde liege. Dieses Ziel objektivierte sich im 19. und 20. Jahrhundert im Laufe der Entwicklung der materiellen Kultur in neuartigen Bewegungsobjekten. Seit dem Bau und der Erprobung der ersten deutschen Eisenbahn zwischen Nürnberg und Fürth 1835 arbeiteten Ingenieure an dem Projekt der Beschleunigung. Die technischen Erfindungen sind zugleich Teil einer zivilisatorischen Tendenz, Ressourcen effizienter einzusetzen, den Zeitaufwand zu reduzieren und Kosten einzusparen. Die Minimalisierung des Aufwands korrespondiert mit der Tendenz zur Relativierung der Ortsgebundenheit des menschlichen Körpers mithilfe eines Bewegungsobjekts.

Einen Zwischenschritt zur Steigerung der individuellen Bewegungsfreiheit stellt die Ausreifung des Fahrrads in seinen Gebrauchsfunktionen um 1890 dar. Bereits im Jahr 1900 sah der Autor Michael Haberland, bezogen auf das Fahrrad, in der Zunahme der Bewegungsfreiheit eine »Emancipation des Individuums« und damit durch dieses Objekt der industriellen Massenkultur einen »Culturfortschritt« erreicht. Das Fahrrad erlangte in den letzten Jahrzehnten im Zeichen einer ökologisch reformierten technischen Modernität für selbstbestimmtes Fahren in Nahräumen neue Bedeutung, vom Stadtverkehr über Rennradfahren bis zum Mountainbiking.

Das »moderne Streben« nach einem Erlebnis gesteigerter Geschwindigkeit fand bereits seit 1895 mit dem Beginn von Autorennen einen symbolischen Ausdruck. Sie erhielten in der Konkurrenz verschiedener Autofahrer, die die technischen Möglichkeiten eines Autos und seiner Bereifung als Individuen erprobten, ihre emotional mitvollziehbare Dramatik. Hierin objektivierten sich sowohl das Können der Fahrer bei der Beherrschung der Maschine als auch die Konstruktionseigenschaften des Autos.

»Formel 1 des Ostens«: In der Formel Easter treten Länder des Rats für gegenseitige Wirtschaftshilfe wie die Sowjetunion, die DDR, Polen und Ungarn gegeneinander an und fahren um den »Pokal der sozialistischen Länder«. Der Wimpel aus den 1980er Jahren erinnert an die Rennen auf dem Schleizer Dreieck in Thüringen.

Zehn Jahre nach Beginn der Produktion läuft am 5. August 1955 der millionste Käfer bei Volkswagen in Wolfsburg vom Band. Bis 2002 ist der Käfer der meistverkaufte Pkw weltweit.

Seit 1950 wird die Formel-1-Weltmeisterschaft veranstaltet. In den letzten Jahrzehnten finden diese Rennen in medialen Großereignissen der Formel 1 ihre Steigerung. Deren Geschäftsführer und Hauptorganisator war lange Zeit der britische Unternehmer Bernie Ecclestone. Die Rennen werden in verschiedenen Kontinenten als Events veranstaltet und sind an der Strecke für ein Massenpublikum vor Ort erlebbar. Sie erreichen zusätzlich mit der weltweiten Übertragung im Fernsehen eine riesige Zuschauerzahl. Mit den neuartigen technischen Möglichkeiten der globalisierten Medienwelt sind sie seit den 1980er Jahren für die Werbeindustrie und das Marketing von Großfirmen wie Daimler-Benz, Ferrari oder Red Bull noch interessanter geworden. In dieser Show vor internationaler Öffentlichkeit verschränken sich somit die Interessen der Industrie, die eigenen Marken und Produkte zu profilieren, mit dem individuellen Können der Piloten. Das Sehbedürfnis der Zuschauer wird bei diesem Ereignis suggestiv mit Fahrgeräuschen, Formen und Farben an die Verdichtung der Reize von Geschwindigkeit gebunden. Mit der digitalen Revolution der letzten Jahrzehnte kam mit der Übertragung der Perspektive des Piloten durch eine digitale Kamera am Chassis eine weitere suggestive Perspektive für den Medienzuschauer hinzu. Hier stehen der Freiheit des Piloten und seinem individuellen Fahrstil ein Maximum an Leistungs- und Erfolgsdruck gegenüber. Die Bewegungsfreiheit mithilfe des Autos wird bis zur Grenze der technischen und menschlichen Möglichkeiten erprobt. Die Mensch-Maschine-Beziehung ist Träger des modernen Mythos der Technik.

REISE

Vor der industriellen Moderne des 19. Jahrhunderts mit ihren epochalen Erfindungen der technischen Kultur galt die lokale Gebundenheit an einen Ort als selbstverständliche Erfahrung des Lebens. Im letzten Drittel des 18. Jahrhunderts entfernten sich etwa 80 bis 90 Prozent der Bevölkerung ihr Leben lang nie weiter als eine Tagesreise. An diese statische Ortsgebundenheit des durchschnittlichen Lebens zu erinnern, ist wichtig, um den gravierenden Unterschied zur modernen Gesellschaft des 19. und 20. Jahrhunderts mit ihrem Bedarf an »Schnelligkeit der Fortbewegung« und deren Beschleunigung zu verdeutlichen. Die hierfür im 19. Jahrhundert erfundenen und entwickelten Bewegungsmaschinen Eisenbahn, Fahrrad und Auto dienten dem zunehmend selbstverständlicheren Zweck der Mobilität im geografischen Raum. Das Automobil revolutionierte in den verschiedenen Phasen seiner technischen Optimierung die freie Bewegung im Raum. Die Vorzüge seiner Nutzung waren offenkundig. Vor dem Ersten Weltkrieg konnte sich jedoch lediglich eine kleine vermögende Oberschicht eine Reise in die Ferne leisten, meist mit der Eisenbahn. Als die ersten Automobile in ihrer Zuverlässigkeit so weit ausgereift waren, dass die Vorteile der Autofahrt das Risiko des »Liegenbleibens« mit einer Panne überwogen, begann die neue Ära des unabhängigen Reisens.

Für deutsche Autofahrer wurde in den 1920er und 1930er Jahren eine Fahrt ins Gebirge, beispielsweise in die Alpen, den Schwarzwald oder Harz, mit dem Seherlebnis der

Mit Kleinstwagen auf großer Fahrt: Der Messerschmitt Kabinenroller KR200 trägt in den 1950er Jahren zur Massenmotorisierung der Deutschen bei.

Naturschönheiten, der Täler und Höhen, zum erreichbaren Ziel einer Erholungsreise. Im Jahr 1935 gab es immerhin bereits 795 000 Autos, deren Zahl in der Folgezeit schnell anstieg. Daher lag es in der zivilisationsgeschichtlichen Dynamik der Motorisierung, dass die nationalsozialistische Politik in Kooperation mit der deutschen Industrie das Auto als ein attraktives Konsumgut aufnehmen und »den Volksgenossen« noch breiter zugänglich machen wollte. Zusammen mit anderen modernsten Objekten der industriellen Massenkultur, wie dem Radiogerät als »Volksempfänger«, begann sie eine Politik der Verbilligung durch groß angelegte Serienfertigungen. Das industrie- und konsumpolitische Großprojekt sollte das neue Automodell im politischen Kontext der Unterhaltungsindustrie und Kulturangebote der nationalsozialistischen Massenorganisation »Kraft durch Freude« (KdF) anbieten. Die Preispolitik war seit 1938 darauf ausgerichtet, dass auch besser verdienende Angestellte und Mittelständler mithilfe eines Sparvertrags den Kaufpreis von 990 Reichsmark aufbringen konnten – hierfür warb eine grafische Darstellung des KdF-Wagens vor einer idealisierten Gebirgslandschaft. So fügte sich die Suggestion einer erweiterten Freiheit als Konsument in den bereits vorhandenen Erwartungshorizont ein, im eigenen Auto die eigenen Wunschziele erreichen zu können. Gleichzeitig schuf der Autobahnbau befestigte »Rollbahnen« durch die Landschaft, die dem motorisierten Verkehr vorbehalten waren und beschleunigtes Fahren ermöglichten. Aufgrund des Rüstungsbedarfs wurde die industrielle Massenfertigung jedoch zugunsten des Kübelwagens für die Wehrmacht zurückgestellt. Nach dem Zweiten Weltkrieg wurde die Produktion des Volkswagens aufgenommen, und die »vom Band laufenden« Stückzahlen steigerten sich über den millionsten Wagen im Jahr 1955 bis 1974 auf 15,8 Millionen allein in deutscher Produktion. Mit dem VW reisten nun seit Mitte der 1950er Jahre auch die besser verdienenden Facharbeiter mit Familie und Zelt über die Autobahnen an die Strände der Adria.

Neben diesen Urlaubs- und Erkundungsreisen gewannen auch Nutzungen in der Beziehung zwischen Wohnen und Arbeiten große Bedeutung, die das Stadt-Land-Verhältnis veränderten. Gab es bereits um 1906 einzelne vermögende Autobesitzer, die aufgrund der nunmehr beschleunigten Fahrt die Möglichkeit wahrnahmen, auf dem Land zu wohnen und in der Stadt zu arbeiten, so wurde diese Freiheit für Arbeitnehmer erst im Verlauf des 20. Jahrhunderts möglich. Damit erweiterten sich die Spielräume solcher »Pendler« in der Wahl des Arbeitsplatzes oder des Wohnens, am Stadtrand, im »Speckgürtel« um die Großstädte oder auf dem noch gut erreichbaren Land. Folge dieses Handlungspotenzials durch Motorisierung war eine weitere Urbanisierung mit neuen Vorstädten, die »ins Land« hineinwucherten. Mit einem Auto konnte ein Arbeitnehmer zwischen Wohnung und Arbeitsstätte pendeln, vielfach unter Inkaufnahme von Zeiteinbußen durch Stau. Die durchschnittlichen täglichen Fahrstrecken erweiterten sich auch hierdurch von 12,5 km im Jahr 1960 auf 20,6 km 1970 bis auf 27,2 km 1985.

Nach der friedlichen Revolution in der DDR und der Wiedervereinigung 1989/90 brach der Arbeitsmarkt in Ostdeutschland in erheblichem Maße ein. Spezialisierte Arbeitskräfte fanden nicht selten in Westdeutschland einen neuen Arbeitsplatz. Dies zog einen weiteren Pendelverkehr nach sich, am Sonntagabend in den Westen und am Freitagabend zurück in den Osten. Hier ermöglichte das Auto, Arbeitschancen wahrzunehmen. Im Verlauf der letzten Jahrzehnte kamen mit der Öffnung der Binnengrenzen in der Europäischen Union auch Arbeitsmigranten aus Osteuropa als Pendler hinzu. So reisten Arbeitswillige aus Polen oder Tschechien nach Deutschland, die als Handwerker, Facharbeiter oder Billiglöhner nach Einkommen suchten.

Dagegen blieb eine eigenständig geplante Weltreise eher einzelnen Angehörigen der Mittel- und Oberschicht oder Jüngeren vorbehalten. Sie ist mit ihren individuellen Schwerpunktsetzungen darauf ausgerichtet, die Fahrt durch schöne Landschaften zu genießen, andere Länder und Kulturen kennenzulernen und menschliche Begegnungen als Bereicherung zu erleben. Ein eigener VW Bus oder ein Wohnmobil trägt entscheidend dazu bei, sich komfortabel bewegen zu können.

DAS AUTO ALS GESCHLOSSENER RAUM

Bereits die ersten Automobile wurden um 1900 mit einer Kabine für Fahrer und Mitfahrer ausgestattet. Den wichtigsten Platz erhielt naturgemäß der Fahrer mit Lenkrad, Bremsen und Bedienungsreglern, lag bei ihm doch die Verantwortung für die Fahrsicherheit. Ein geschlossenes Auto erwies sich als universell nutzbar, da es mit seinem Dach Schutz vor Staub und Regen bot. Dagegen ermöglichte ein Cabriolet oder ein offener Sportwagen eine Fahrt mit sinnlichen Reizen von Fahrtwind, frischer Luft, Sonne und Natur. Von diesen Wagentypen ging eine Aura von Freiheit und Luxus aus.

Besondere Ausstattungen ermöglichten Fahrten auch unter erschwerten Bedingungen. So kann ein geschlossener Fahrerraum in der Wüste selbst vor Sandstürmen schützen. Insbesondere Geländewagen mit Allradantrieb sind geeignet, um unwegsames Gelände zu erkunden oder zu durchqueren.

Gepanzerte Autos schützen Geldtransporte vor Überfällen, aber auch Politiker oder Prominente vor möglichen Gefahren.

Das Auto als individualisierter Raum, hier ein Blick aus einem Käfer 2003.

So konnte Papst Johannes Paul II. nach einem Attentat 1981 mit einem gepanzerten »Papamobil« weiterhin durch große Menschenmengen fahren.

Der Innenraum eines seriellen Autos kann nach den persönlichen Geschmacksvorlieben mit Accessoires verziert werden. So statteten beispielsweise VW-Fahrer in den 1950er und 1960er Jahren ihren seriell produzierten Käfer mit einer kleinen Blumenvase aus, die zwischen den Armaturen und dem Handschuhfach befestigt wurde. Eine Blume sollte persönliche Wohlgefühle symbolisieren. Für komfortable Limousinen wurden spezielle Innenräume entworfen und gebaut, mit Medien wie Fernsehen oder einer Bar. Qualitativ hochwertige Musikanlagen, die heute als Komfortausstattung hinzugekauft werden können, bereichern das Fahren.

Das Display im Fahrerbereich hat seit etwa 2010 größere Bedeutung gewonnen. Insbesondere das Navigationsgerät setzte sich weitgehend als digitales Instrument mit visueller und akustischer Darstellung zur Wegfindung durch.

Manchen Jugendlichen bietet der Innenraum des Autos die Gelegenheit, mit Freunden oder Freundinnen eine Abenteuerfahrt in intensiver Gemeinschaft zu erleben. Aber auch die Unabhängigkeit von der Aufsicht in der elterlichen Wohnung schafft Freiheit, manchmal auch zum ersten Erlebnis der Sexualität mit der Freundin oder dem Freund.

FREIHEITSVERSPRECHEN

Ein häufiges Motiv in der Automobilwerbung zeigt einen strahlenden, selbstbewussten Fahrer, der das neue Modell einer Automarke in spielend leichter Fahrt auf einer Wegstrecke in landschaftlich schöner Natur, einer Gebirgskurve oder auf einer wilden Piste in einem Canyon steuert. Mit diesen attraktiven Bildern codiert die Werbung das Produkt Auto mit dem Versprechen auf den Genuss von Freiheit durch ein erweitertes Handlungs- und Erlebnispotenzial.

Zu dieser Glückserwartung stehen die Folgen der unbeschränkten Nutzung des Autos seit der globalen Massenmotorisierung in starkem Kontrast. Das Ausmaß des weltweiten Einsatzes von Verbrennungsmotoren in der Gegenwart verursacht massive Folgeschäden für die Atmosphäre, aber auch für die menschliche Gesundheit. So trägt das Auto mit seinen Schadstoffemissionen dazu bei, die natürliche Balance in der Natur zu zerstören, und ist Mitverursacher des Klimawandels. In den großen Städten steigerte sich die Feinstaubbelastung durch Fahrzeugemissionen an Hauptverkehrsstraßen zu einer Gefährdung und Ursache tödlicher Erkrankungen der Menschen.

Ein Problembewusstsein für diese Kehrseite des Autos entstand bereits in den 1980er Jahren. Anfangs zweifelte ein erheblicher Teil des gesellschaftlichen »Establishments« und der Bevölkerung die Negativfolgen der Massenmotorisierung an oder stritt sie gar ab. Dennoch kam seit den 1990er Jahren auch mit zunehmend exakten empirischen Messergebnissen

▲

Coole Boys in coolen Cars: Die 13-jährige Aleyna Maria Sagnak gewinnt mit ihrer Serie *Deutschland – einig Autoland* den 2. Preis in ihrer Altersklasse beim Deutschen Jugendfotopreis 2015.

Protest mit spitzer Feder: Der Grafiker Klaus Staeck greift 1989 in der Diskussion um ein Tempo-100-Limit auf der AVUS satirisch die Forderung des ADAC aus den 1970er Jahren auf.

und Untersuchungen schrittweise die Eindämmung der Schadstoffbelastung voran. Die gleichzeitig weiter ansteigende Zahl von genutzten Autos sowie die Attraktivität großer Autos relativierten jedoch die Wirkung dieser Verbesserungen weitgehend.

Bereits 1957 war die Höchstgeschwindigkeit auf 50 km/h in geschlossenen Ortschaften begrenzt worden. Seit den 1980er Jahren wurde eine Geschwindigkeitsbeschränkung auf Autobahnen (Tempo 130) und Bundesstraßen (Tempo 80) gefordert. Sie stieß auf ein geteiltes Echo, sahen doch viele Autofahrer ihre Freiheit zur eigenständigen Nutzung des Autos bedroht. Der Slogan »Freie Fahrt für freie Bürger« schien nun ein spezifisch bundesrepublikanisches Freiheitsverständnis zu repräsentieren. In allen anderen europäischen Ländern einschließlich der DDR galten Geschwindigkeitsbeschränkungen. Der Freiheit der Autofahrer, ihren persönlichen Fahrstil ausleben zu können, wurde schließlich mit den Tempo-30-Zonen zur Verkehrsberuhigung in Wohnstraßen Grenzen gesetzt.

Die Unabweisbarkeit der ökologischen Folgen des Autokonsums nahmen Autokonzerne durchaus als Impuls für technische Verbesserungen und zur Konstruktion neuer schadstoffärmerer Modelle auf. Die Reformbemühungen der Umweltpolitik schienen sich hier mit einer von der Industrie verantworteten Forschungs- und Entwicklungsanstrengung zu verbinden. Als offenkundig wurde, dass Volkswagen und andere Hersteller die Einhaltung von Abgasnormen bei Dieselfahrzeugen umgangen hatten, erlebte die Glaubwürdigkeit der beteiligten Autohersteller größten Schaden.

Das Freiheitsversprechen des Autos kann nur dann aufrecht erhalten werden, wenn es gelingt, die globalen Folgen für den Klimawandel und die Erderwärmung, aber auch die durch überhöhte Schadstoffbelastung verursachten Todesfälle sukzessive zu reduzieren. Dies verlangt nach einer reformatorischen Anstrengung der globalen Zivilgesellschaft auch durch stärkere staatliche Aufsicht, die die Konzerne bewegen muss, vorhandene Widerstände für ein tatsächlich ökologisch optimiertes Auto zu überwinden. Die Einführung der Elektromobilität wird allerdings erst deutliche Entlastung bringen können, wenn die Probleme der begrenzten Reichweite der Batterien und deren dauerhafte Entsorgung gelöst werden. Der Freiheitsgewinn durch das Auto verdient diese epochale kulturgeschichtliche Anstrengung, um freie Mobilität mit der Gesundheit der Menschen und dem Erhalt der Grundlagen des Lebens in der Natur versöhnen zu können.

»Freiheit« ist ein zentrales Versprechen in der Autowerbung, auch in dieser Porsche-Anzeige der 1990er Jahre. Cabriolets stehen für ein besonders aufregendes Fahrerlebnis.

GÖTZ ULRICH PENZEL

Vehikel in die Freiheit

Der Hillman Minx, Baujahr 1960, zeigt sich von außen elegant mit glänzendem Lack und Chrom. Im Innenraum überrascht das Auto mit roten Bezügen und Türverkleidungen mit weißen Zierblenden.

Personenkraftwagen aus westlicher Produktion stellten Ende der 1980er Jahre etwa 1,5 Prozent des gesamten Pkw-Bestands der DDR. Einer davon, ein Hillman Minx Serie III A von 1960, half Familie Strathausen Anfang November 1989, sich ihren lang gehegten Traum von der Freiheit zu erfüllen.

Sonderkontingente und privilegierte Zuweisung

Von dem in Großbritannien beliebten Mittelklassewagen wurden auch einige Fahrzeuge bis Anfang der 1960er Jahre in die DDR importiert. Dort gab es immer wieder Sonderkontingente mit westlichen Pkw-Fabrikaten für den privaten Gebrauch. Diese Fahrzeuge waren in erster Linie für einen privilegierten Personenkreis bestimmt – neben »verdienten Bürgern« wie Parteifunktionären, Mitarbeitern staatlicher Organe oder Ärzten vorrangig die Bewohner Ost-Berlins.

Der erste Besitzer dieses Hillman Minx war ein Arzt aus Hermsdorf in Thüringen. Die HO Wismut Auerbach lieferte ihm das Fahrzeug mit einem 55 PS starken Vierzylinder-Viertakt-Ottomotor am 11. Oktober 1960. Diese Handelsorganisation (HO) gehörte zur Sowjetisch-Deutschen Aktiengesellschaft (SDAG) Wismut, einem der größten Erzbergbauunternehmen der Welt, das an verschiedenen Standorten in Sachsen und Thüringen Uran förderte und damit eine wichtige Rohstoffbasis der sowjetischen Atomrüstung bildete. Die Mitarbeiter der SDAG Wismut genossen in Hinblick auf ihre Versorgung Privilegien: Ihre eigene Handelsorganisation hatte Produkte im Angebot, die ansonsten im Handel kaum oder gar nicht erhältlich waren.

In welchem Zusammenhang der Erstbesitzer des Hillman Minx zur SDAG Wismut stand, ob er für sie als Arzt tätig war oder die HO Wismut den Vertrieb auch für andere Stellen des Ministeriums für Handel und Versorgung übernahm, ist bisher nicht bekannt. Angesichts der Tatsache, dass sich unter den fast drei Millionen Menschen, die bis Juli 1961 die DDR in Richtung Bundesrepublik verließen, auch sehr viele Ärzte befanden, versuchte die SED,

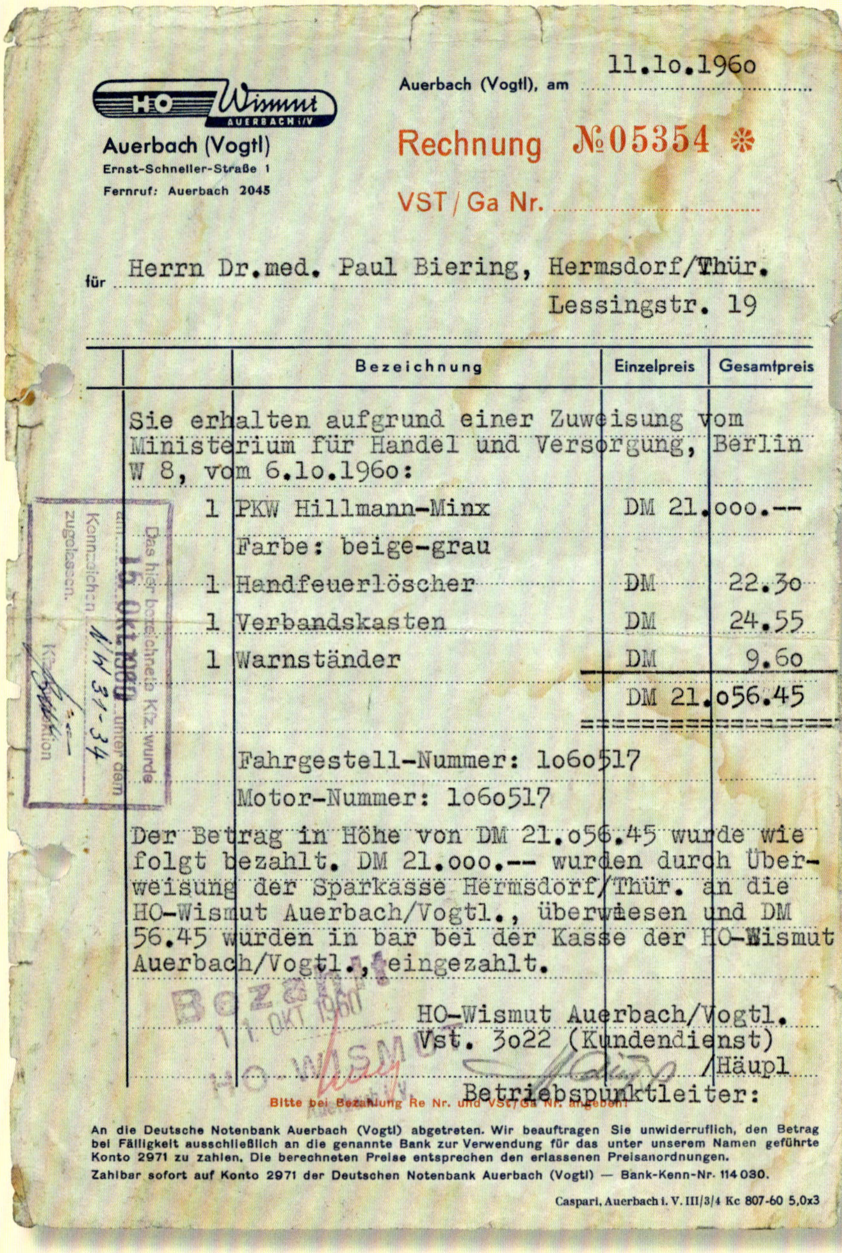

HO Wismut Auerbach i/V

Auerbach (Vogtl)
Ernst-Schneller-Straße 1
Fernruf: Auerbach 2045

Auerbach (Vogtl), am 11.10.1960

Rechnung №05354

VST / Ga Nr.

für Herrn Dr.med. Paul Biering, Hermsdorf/Thür.
Lessingstr. 19

	Bezeichnung	Einzelpreis	Gesamtpreis
Sie erhalten aufgrund einer Zuweisung vom Ministerium für Handel und Versorgung, Berlin W 8, vom 6.10.1960:			
1	PKW Hillmann-Minx		DM 21.000.--
	Farbe: beige-grau		
1	Handfeuerlöscher	DM	22.30
1	Verbandskasten	DM	24.55
1	Warnständer	DM	9.60
			DM 21.056.45
	Fahrgestell-Nummer: 1060517		
	Motor-Nummer: 1060517		

Der Betrag in Höhe von DM 21.056.45 wurde wie folgt bezahlt. DM 21.000.-- wurden durch Überweisung der Sparkasse Hermsdorf/Thür. an die HO-Wismut Auerbach/Vogtl., überwiesen und DM 56.45 wurden in bar bei der Kasse der HO-Wismut Auerbach/Vogtl., eingezahlt.

Das hier bezeichnete Kfz. wurde am 15.OKT.1960 unter dem Kennzeichen N W 31-34 zugelassen.

Bezahlt 11. OKT 1960 HO-Wismut

HO-Wismut Auerbach/Vogtl.
Vst. 3022 (Kundendienst)
/Häupl
Betriebspunktleiter:

Bitte bei Bezahlung Re Nr. und VSt/Ga Nr. angeben!

An die Deutsche Notenbank Auerbach (Vogtl) abgetreten. Wir beauftragen Sie unwiderruflich, den Betrag bei Fälligkeit ausschließlich an die genannte Bank zur Verwendung für das unter unserem Namen geführte Konto 2971 zu zahlen. Die berechneten Preise entsprechen den erlassenen Preisanordnungen.
Zahlbar sofort auf Konto 2971 der Deutschen Notenbank Auerbach (Vogtl) — Bank-Kenn-Nr. 114030.

Caspari, Auerbach i. V. III/3/4 Kc 807-60 5,0x3

◂ Originalrechnung des ersten Fahrzeugbesitzers.

diese zum Bleiben zu veranlassen. Daher erhielt diese Berufsgruppe vor allem bis zum Mauerbau eine bevorzugte Behandlung, beispielsweise bei der Vergabe von Fahrzeugen.
Für den Hillman Minx zahlte der Hermsdorfer Arzt 21 056,45 Deutsche Mark der DDR inklusive Handfeuerlöscher, Verbandskasten und Warndreieck – eine stolze Summe. Ein Pkw aus DDR-Produktion kostete damals in der Standardausführung zwischen circa 7 450 Deutsche Mark der DDR (Trabant P 50) und 14 700 Deutsche Mark der DDR (Wartburg 311).
Nachdem der Erstbesitzer 1968 verstorben war, »schlummerte« der Pkw bis 1985 in der Garage der Witwe. Dann kaufte ihr ein 19-jähriger Mann aus dem Bezirk Gera das Fahrzeug ab. Der Zweitbesitzer wird Mitglied in einer Interessengemeinschaft von Hillman-Besitzern in der DDR, über die sich Ersatzteile für das Fahrzeug beschaffen lassen. Das war für die Fahrtüchtigkeit der Pkw immens wichtig, da seit dem Mauerbau 1961 keine Ersatzteile mehr aus Coventry, dem Firmensitz, importiert werden konnten. Noch im Jahr 1989 hatte dieser Hillman Minx einen Auftritt in dem siebenteiligen DDR-Fernsehfilm *Die gläserne Fackel*.

Fluchtfahrzeug

Als der Zweitbesitzer im September 1989 seinen Einberufungsbefehl zur Nationalen Volksarmee (NVA) erhielt, inserierte er den Pkw in der Zeitung *Neue Zeit*, dem Zentralorgan der DDR-CDU. Im Oktober 1989 verkaufte er den Hillman Minx an Franz-Josef Strathausen. Damit begann die Geschichte des Autos als Fluchtfahrzeug.
Wie viele Menschen in der DDR litt Strathausen unter Repressalien des Regimes. Von den Bergen im Umland von Heiligenstadt in Nordthüringen konnten die Strathausens in den Westen, der für sie die Freiheit verkörperte, schauen. Bereits seit Längerem hegten sie den Wunsch, ein Leben in Freiheit zu führen. Ende der 1980er Jahre wurde dieser immer stärker. Die Frage war nur, wie die Familie den »Eisernen Vorhang« überwinden

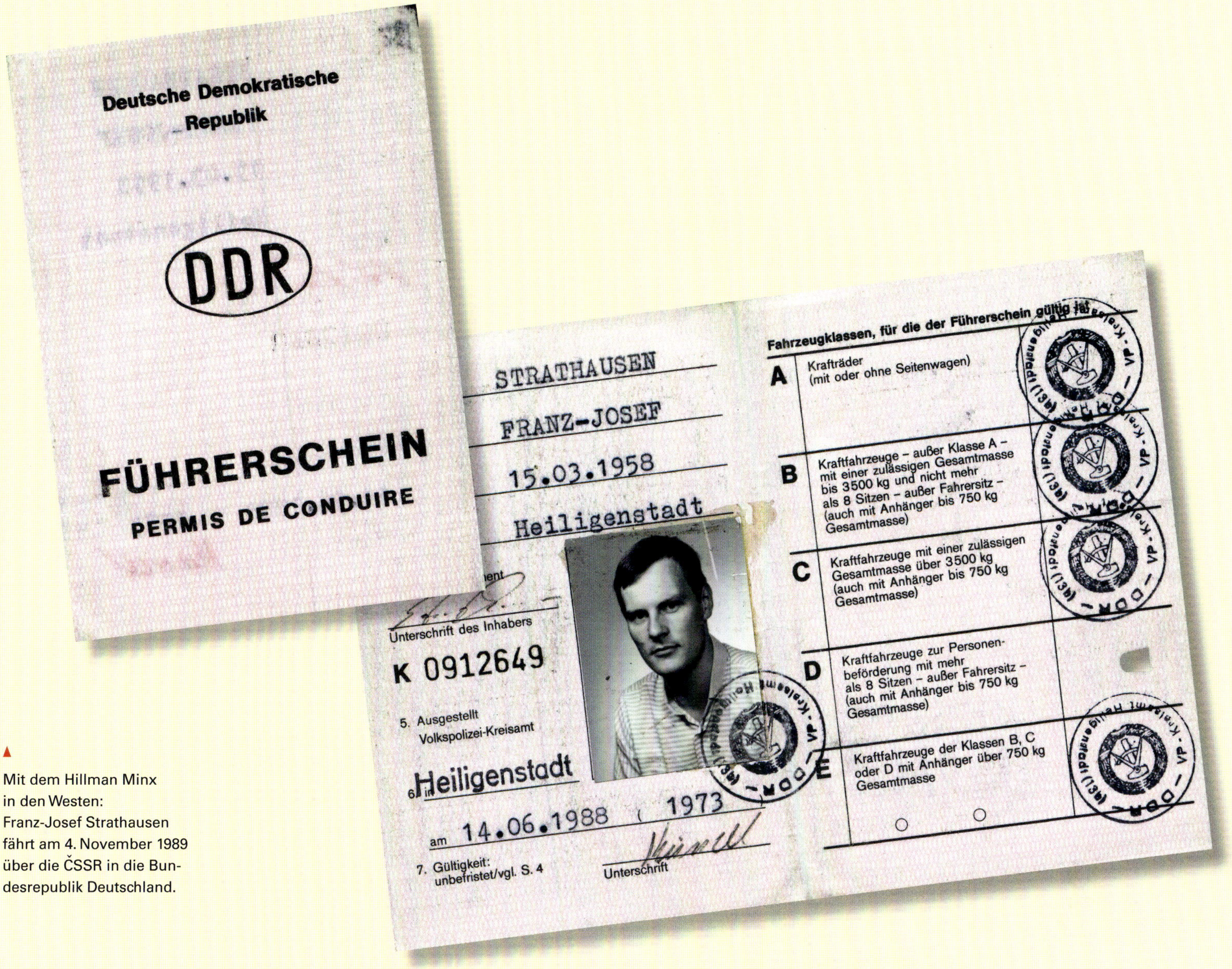

▲ Mit dem Hillman Minx in den Westen: Franz-Josef Strathausen fährt am 4. November 1989 über die ČSSR in die Bundesrepublik Deutschland.

und in die Bundesrepublik Deutschland fliehen konnte. Die Strathausens hatten keinen Fluchtplan, schoben die Ausreise immer wieder auf. Die Situation änderte sich schlagartig, als Franz-Josef Strathausen im Oktober 1989 seinen Einberufungsbefehl zur Reserve der NVA erhielt. Die Angst, in der angespannten politischen Situation auf staatlicher Seite gegen unbewaffnete und friedlich demonstrierende Landsleute eingreifen zu müssen, trieb ihn um und veranlasste ihn zu handeln. Am 4. November 1989 hörte das Ehepaar Strathausen im Radio, dass die pass- und visafreie Ausreise für Ostdeutsche über die Tschechoslowakische Sozialistische Republik (ČSSR) in die Bundesrepublik möglich sei. Spontan beriet das Ehepaar mit seinen Kindern die Lage, bepackte den Hillman Minx kurzerhand mit dem Notwendigsten, und die Familie brach noch am selben Abend gegen 22 Uhr zur Flucht in den Westen auf.

Um so wenig Aufsehen wie möglich zu erregen, nahm die Familie nicht den kürzesten Weg über Schönberg in die ČSSR, sondern einen Umweg über Bad Schandau. Zwischen 1 und 2 Uhr nachts erreichte sie den Grenzübergang in Schmilka, wo sie die Grenze unkontrolliert überquerte. Diese unerwartet einfache Ausreise irritierte und verwunderte sie. In der ČSSR fuhr Familie Strathausen in Richtung Cheb (Eger) gen Westen. Am Grenzübergang im oberfränkischen Schirnding stand sie morgens stundenlang im Stau, da diesen in jenen Tagen stündlich bis zu 300 Personen mit ihren Fahrzeugen passierten. Am frühen Vormittag hatte sie es dann geschafft und wurde in Schirnding sehr freundlich willkommen geheißen. In einem Notaufnahmelager in Bayreuth, einer Kaserne, wurden die Ankömmlinge registriert und erhielten ihr Begrüßungsgeld. Zur Grundausstattung gehörten auch Kleidungsstücke und Hygieneartikel. Da Strathausens als Anlaufstelle Verwandte in Hamm hatten, mussten sie nicht länger in dem Aufnahmelager bleiben und konnten nach zwei Tagen auf direktem Weg von Bayreuth aus die Fahrt mit ihrem Hillman Minx antreten. Hierbei war eine Sonderregelung von Vorteil, durch die Fahrzeuge, die aus der DDR kamen, zehn Tage haftpflichtversichert waren. In Hamm endete dann die Flucht der Familie Strathausen mit dem Hillman Minx.

Während der langen Tour gab es keinerlei Pannen, allein das Kühlwasser musste nachgefüllt werden. Strathausen hatte sich einen Hillman Minx als potenzielles Fluchtfahrzeug gekauft, da er nach seiner Ankunft in der Bundesrepublik Deutschland einen Wertgegenstand haben wollte, den er zu Geld machen konnte. Er ging davon aus, für einen Pkw aus westeuropäischer Produktion mehr Geld als Startkapital zu bekommen als beispielsweise für

▼
Offene Grenze:
Im bayerischen Ort Schirnding, der an der Grenze zur Tschechoslowakischen Sozialistischen Republik liegt, kommt es im November 1989 zu langen Staus.

einen Trabant. Die Rechnung ging allerdings nicht ganz auf, da der Hillman Minx damals schon ein Oldtimer war und kein Pkw für den Alltag.
Übrigens flohen Schätzungen zufolge in nur fünf Tagen bis zum Abend des 8. November 1989 etwa 45 000 Ostdeutsche über die ČSSR in die Bundesrepublik.
Nach zwei weiteren Besitzerwechseln befindet sich der Hillman Minx heute im Besitz des Verkehrsmuseums Dresden und ist dort in restauriertem Zustand in der Dauerausstellung Straßenverkehr zu sehen.

▲
Blickfang:
Der Hillman Minx Serie III A in der Dauerausstellung im Verkehrsmuseum Dresden.

AUTO
und Geschwindigkeit

NUR FLIEGEN IST SCHÖNER

PETER BORSCHEID

Eine bizarre Welt: Motoren heulen auf, überziehen die Umgebung mit Höllenlärm, und die Zuschauer schreien vor Begeisterung. Ölig-schweflige Auspuffgase durchwehen das Areal, und das Publikum jubelt wie im kollektiven Drogenrausch. Nur schemenhaft erkennbare Autos donnern vorbei, und die Menschen springen wie elektrisiert von ihren Sitzen. Rennwagen crashen, und die Umstehenden recken die Hälse, um ihren Adrenalinspiegel hochzujagen. Die Augen aller glänzen wie im Fieber. Unter den Insignien ihrer jeweiligen Gottheit haben sich tiefgläubige Anhänger des Speeds in einem Tempel der Geschwindigkeit versammelt, um mit jedem vorbeihuschenden Boliden wie Gläubige in Lourdes eine Offenbarung zu erleben. Sie inhalieren Tempo, und das verführerische Prickeln von Geschwindigkeit lässt sie erschauern. Sie werden süchtig und Junkies des Speeds. Mit erleuchtetem Blick treten sie die Heimfahrt an, glauben ihre Kraft vervielfacht und ihre Adern voll Benzin. Sie halten sich für omnipotent und folgen einer inneren Stimme: Gib Gummi! Mit durchgetretenem Gaspedal huldigen sie der »Schönheit der Geschwindigkeit«, die nach Ansicht der Futuristen gleichzusetzen ist mit der »Verachtung aller Hindernisse«. Der Rausch der Geschwindigkeit ist nach Filippo Tommaso Marinetti »nichts anderes als die Freude, sich mit der einzigen Göttlichkeit vereinigt zu sehen«, und Autorennstrecken sind »von Göttlichen bewohnte Orte«. Weniger poetisch angehauchte Autoliebhaber sprechen heute ganz einfach von einem Mehr an Daseinsfreude. Sie glauben, mit Tempo ihr Leben intensiver und lebenswerter gestalten zu können.

Ein Großteil der Deutschen ist fasziniert vom schnellen Fahren und verflucht jede Geschwindigkeitsbegrenzung als Eingriff in die persönliche Freiheit. Als der Senat von West-Berlin im Sommer 1989 auf der als Stadtautobahn genutzten Automobil-Verkehrs- und Übungsstraße (AVUS) Tempo-100-Schilder aufstellen ließ, vereinten sich sofort Fahrer aller GTI-Klassen zu einem PS-starken Demonstrationskorso über den Kurfürstendamm, um laut hupend gegen das »DDR-Tempo auf Westberliner Straßen« zu protestieren. Bürgerinitiativen sammelten Unterschriften, oppositionelle Politiker verurteilten das Tempolimit als »Folterwerkzeug« und »Freiheitsberaubung«, und der ADAC sah darin eine ideologisch motivierte Gängelung der Bürger. Das alte Motto des mächtigen Allgemeinen Deutschen Automobil-Clubs hatte noch immer Geltung: Freie Fahrt für freie Bürger. Mit den Autobahnen als Teststrecken verteidigt die Industrie bis heute die freie Fahrt als Wettbewerbsvorteil.

Am Automobil scheiden sich seit Anbeginn die Geister. Zunächst begrüßten Technikbegeisterte das neue Transportmittel wegen seiner Wendigkeit und seiner im Vergleich zum Pferdefuhrwerk geringeren Kosten bei Nichtgebrauch. Andere verfluchten es dagegen, weil es neben die Ausscheidungen der

◄

Weltrekord: Im Oktober 1937 fährt Rennfahrer Bernd Rosemeyer mit einem Auto Union Typ C auf der Autobahn zwischen Frankfurt am Main und Darmstadt als erster Mensch über 400 km/h auf einer öffentlichen Verkehrsstraße.

►

In den 1980er Jahren gilt das »Waldsterben« als größtes Umweltproblem in Deutschland. Initiativen fordern, auf der Autobahn die Geschwindigkeit auf 100 km/h zu begrenzen.

Beim Oldtimerrennen Mille Miglia Storica in Italien empfängt ein Grid-Girl mit Zielfahne 2013 den Porsche 550 RS, Spider.

Pferde eine ganz neue Duftmarke setzte, auf den Schotterstraßen riesige Staubfahnen aufwirbelte und als Geschoss für Mensch und Tier zur todbringenden Gefahr wurde. Heute sind es die Umweltbelastung und die riesigen Kosten für die Gemeinschaft, die dem Auto zur Last gelegt werden. Fortwährend lässt die breite Blutspur, die das Auto hinter sich herzieht, die Kritiker nicht verstummen. Obwohl seit den Tagen von Gottlieb Daimler und Carl Benz das Auto allein auf deutschen Straßen über eine Million Menschen das Leben gekostet hat, tut dies der Begeisterung für schnelles Fahren als einem Kult der Gewalt keinen Abbruch. Nicht der Schnelle wähnt sich als Gefahr, sondern zeigt kopfschüttelnd und mit ausgefahrenem Mittelfinger auf den gemächlich über die Autobahn rollenden »Opa mit Hut« und die »vorsichtige Mutti«.

»Geschwindigkeit ist der einzige neue Rausch, den das 20. Jahrhundert neu erfunden hat.«

Aldous Huxley, Schriftsteller

LUSTGEFÜHLE

Von Anfang an erwies sich das Auto in einer immer schneller rotierenden Welt als dynamische Geschwindigkeitsfabrik, die die Autobauer mit immer stärkeren Motoren auf Hochtouren brachten. Schwache Motorleistungen und niedrige Höchstgeschwindigkeiten wecken in der Bevölkerung Erinnerungen an die Not der frühen Nachkriegszeit, als staubgraue »Leukoplast-Bomber« von Lloyd mit 10 PS über die Straßen der Bundesrepublik tuckerten und seit 1957 der Trabant mit 18 PS über das geschwindigkeitsfeindliche Kopfsteinpflaster der DDR holperte, als ihre stinkenden und röchelnden Zweitaktmotoren Langsamkeit geradezu ruchbar und hörbar machten. Geschwindigkeit dagegen hatte sich als Augenweide zu präsentieren, als schnittige Schönheit in Form von Sportwagen und Muscle Cars, die mit langen Motorhauben und aggressivem Styling seit den 1960er Jahren auf den Autobahnen die linke Spur für sich beanspruchen. Der 2CV von Citroën als Auto für den ärmeren Teil der Bevölkerung musste sich dagegen als »hässliche Ente« verhöhnen lassen.

Die Vorliebe eines Großteils der Bevölkerung für flotte Wagen und schnelles Fahren bedarf der Erklärung. Grundlegend ist die Vergötterung des Autos, das für viele mehr ist als ein profanes Transportmittel. Nachdem es den Autodesignern in den 1920er Jahren gelungen war, mit der Stromlinienform die Geschwindigkeit zu visualisieren, begann alsbald eine Erotisierung des Automobils. Als Kunstfigur mit wohlgestalteten Rundungen regte es die Fantasie seiner männlichen wie

▼

Bob Burman (2. v. r.) überschreitet 1911 mit dem »Blitzen-Benz« als erstes Landfahrzeug die 200-km/h-Marke. Der Rekord bleibt bis 1919 unübertroffen.

weiblichen Käufer und Fans an. Die Autobauer steigerten die männliche Lust, indem sie wohlgeformte Frauen als aufreizenden Blickfang neben ihren neuesten Modellen platzierten. Bis heute fehlt diese Kuppelung der Kurven auf keiner Automesse, und im seit 1964 erscheinenden exklusiven Pirelli-Kalender gibt sie sich Jahr für Jahr als Kunst aus – eine Erotik der Kurven, verbunden mit einer Erotisierung der Geschwindigkeit. Letztere wird als eine Art atemberaubender Liebesrausch und als sexuelles Begehren gesehen und empfunden – Speed als Lust, das Auto als verführerische Geliebte und der Geruch des Leders und des Benzins als ihr betörendes Parfum. In ihrem Schoß, dem Cockpit (cock = Gockel oder Schwanz, pit = Grube), erfährt der Fahrer den Rausch der Geschwindigkeit als Orgasmus und Kick, während ihn die Unausstehlichkeit des Staus zur Lustlosigkeit zwingt und sich im Crash die in der Geschwindigkeit enthaltene Energie als Bluterguss und missgestalteter Schrott entlädt. Zugleich fühlt er sich in diesem Schoß wie in einem Panzer geborgen und hinter einer kraftstrotzenden Maschine als omnipotenter Superman. *I'm in love with my car*, outete sich 1975 die britische Rockband Queen.

GESCHWINDIGKEITSGEBOTE

Doch diese Liebesbande, die Mensch und Maschine vereinen, veranschaulichen nur zum Teil jenes geradezu sinnbetörende Liebesverlangen nach Geschwindigkeit, das viele Autofahrer erfasst. Dazu bedarf es einer historischen und soziologischen Erklärung. Generell ist Geschwindigkeit von Menschen gemacht. Beschleunigung ist die eigentliche Grundkonstante der Moderne – Beschleunigung der Produktion, Beschleunigung des Transports, Beschleunigung der Kommunikation, Beschleunigung des Lebens. Eine radikale Beschleunigung von allem und jedem zieht sich wie ein roter Faden durch die Geschichte der letzten zwei bis drei Jahrhunderte mit Maschinen als den wirkungsmächtigsten Motoren. Die moderne Geschwindigkeit fußt weitestgehend auf der technischen Beschleunigung. Damit einher ging eine intensive Suche nach Möglichkeiten, mithilfe organisatorischer Maßnahmen Produktion und Transport noch weiter zu beschleunigen. Mit der Stoppuhr in der Hand machten sich die berüchtigten Zeitnehmer auf die Suche nach Leerzeiten, versuchten zunächst die Fabrikarbeiter schneller zu takten, ehe sie sich Zutritt zu allen Lebensbereichen verschafften – zum Büro, zum Privathaushalt, zum Alltag. Der Rhythmus der schnell laufenden Maschinen und Transportmittel sowie das von der rationellen Betriebsorganisation vorgegebene Tempo übertrugen sich alsbald auf die damit in Berührung gekommenen Menschen, rissen diese mit und infizierten sie – Modern Times. Wirtschaftliche Maßstäbe, die die Ressource Zeit betriebswirtschaftlich zu optimieren trachteten, drangen immer tiefer in die Poren der Menschen ein. Tempo wurde zum Signum der Moderne, erkennbar nicht zuletzt am modernen Sport und seiner Ausrichtung auf Leistung und Rekord. Mit dem ruhmsüchtigen Kampf der Sportler gegen die Uhr wurde Geschwindigkeit fassbar, mit der Zeitmessung nahm sie Gestalt an, und mit dem Rekord wurde sie zu einem Wert – sie wurde wertvoll. Im Sport manifestierte sich der Aufstieg der Geschwindigkeit auf der gesellschaftlichen Werteskala. Als schließlich Schriftsteller nach neuen Stilmitteln suchten, um das großstädtische Fieber der Rapidität in Worte zu fassen, Maler sich elektrisiert zeigten von der sich immer schneller drehenden Beschleunigungsspirale und Fotografen wie Filmemacher die Geschwindigkeit als berauschendes Stilmittel einsetzten, wurde Geschwindigkeit zu einem kulturellen Gut.

Wie keine andere technische Innovation verkörpert das Auto die Beschleunigung des Transports und auch der Produktion, des Denkens und Handelns, letztlich des Lebens. Der Fordismus wurde zum Synonym für schnelleres, effizientes Produzieren. Mit der Benutzung des Autos auf dem Weg zum Arbeitsplatz, zum Supermarkt oder zu weiter entfernten Zielen gelang eine schnellere Raumüberwindung als jemals zuvor in der Geschichte. Bei Fahrten durch den Großstadtdschungel stürmt jeden Augenblick eine Vielzahl unterschiedlichster Eindrücke und Informationen auf die Fahrer ein, die diese in Höchstgeschwindigkeit verarbeiten müssen, um nicht im Crash zu enden. Die Autofahrer lernen, auf dieses Trommelfeuer an Sinnesreizen in Sekundenbruchteilen zu reagieren.

»Wir erklären, daß sich die Herrlichkeit
der Welt um eine neue Schönheit
bereichert hat:
die Schönheit der Geschwindigkeit.«

Filippo Tommaso Marinetti, 1909

▲

Dinamismo di un' Automobile: Der italienische futuristische Maler und Komponist Luigi Russolo, der eng mit Filippo Tommaso Marinetti zusammenarbeitet, nimmt sich in seinem Werk 1912/13 der Dynamik des Automobils an.

▲
Peter Kalinowski aus Berlin nimmt in dieser Seifenkiste 1951 an der Bundesmeisterschaft teil, gewinnt und reist 1952 zu einem internationalen Seifenkistenrennen in die USA. Die Amerikaner fördern das Seifenkistenfahren, um deutschen Jugendlichen die Idee des fairen Wettkampfs näherzubringen.

West-Berlin, Kreuzung Messedamm/Masurenallee, vom Funkturm aus im April 1957 aufgenommen.

Sie vollführen eine Art geistiger Hochseilakrobatik, die unsere Vorfahren noch hätte abstürzen lassen. Hinter dem Lenkrad erfährt der Mensch wie nirgendwo sonst Geschwindigkeit, eignet sich den Umgang mit ihr an, wobei die blitzschnelle Abfolge von Bildern bei vielen eine Art Geschwindigkeitsrausch auslöst, verbunden mit dem Wunsch nach einer Steigerung der Dosis. Bereits an der Wende zum 20. Jahrhundert hatte der französische Automobilfachmann und Journalist Louis Baudry de Saunier prophezeit: »Gleich einem berauschenden, feurigen Weine, der, anstatt den Durst zu löschen, denselben noch ärger macht, erweckt das Automobil selbst in dem ruhigsten, gelassensten Temperamente einen nie befriedigten Wunsch nach immer größerer Geschwindigkeit.«

Seit dem Zweiten Weltkrieg werden schon Kinder auf Tempo getrimmt, zuerst mit der Autorennbahn, heute mit rasanten Computerspielen – *Live for Speed*, *Need for Speed*, *Highway Speed Chase*. Mit dem Auto formte sich der Mensch eine Prothese, ehe diese Prothese den Menschen formte.

Damit nicht genug. Seit der Zwischenkriegszeit versucht ein hochaufgerüstetes Heer an Zeit-Zeichen in Form von Uhren, Verkehrsschildern, Ampeln, Piktogrammen und einer auf Tempo ausgerichteten Architektur, die gesamte Bevölkerung dazu zu zwingen, Geschwindigkeit zu leben. Überall im öffentlichen Raum wuchern seitdem Geschwindigkeitsimperative, die mit erhobenem Zeigefinger auch die Trägsten zur Eile mahnen. Vor allem in der Stadt, wo sich die Wege der Tempomacher, der Temposüchtigen und der vom Tempo Getriebenen kreuzen, übermitteln Werbeplakate den vorbeihastenden Menschenmassen und vorbeirasenden Autofahrern ihre Botschaften in möglichst knapper und präziser Form. Gleichzeitig sorgten Architekten für eine weitere optische Dynamisierung, indem sie die Städte mit schnurgeraden Straßen und schnörkellosen Bauten der geraden Linie öffneten, die mit ihrer Kälte die Flaneure von den Straßen vertrieb. Vielarmige Agenten der Geschwindigkeit übernahmen das Kommando und beschleunigten die Schritte der Menschen. Im neuen Jahrtausend sind die Schlagadern der verstädterten, computerisierten und motorisierten Welt zu Hochgeschwindigkeitsstrecken mutiert, tätowiert mit einer Vielzahl an Zeit-Zeichen, die mit diktatorischer Geste den Schnellen vom Langsamen trennen, den rechten Weg vom Irrweg, die gebieten und verbieten. Sie verstehen sich als Mutanten einer durchrationalisierten Welt, in der für das Nachdenken keine Zeit bleibt. Im Tempodrom der Schnellstraßen treten sie in Bataillonsstärke auf, lehnen sich in Gestalt grellfarbiger Verkehrszeichen tief über die Brüstungen der Schilderbrücken, lassen

Technische Spitzenwerte gefragt: Quartett aus dem Jahr 1962 mit amerikanischen Luxusschlitten und chromblitzenden deutschen Automobilen.

Mit dem Großen Preis von Deutschland findet auf dem Nürburgring 1951 zum ersten Mal nach dem Zweiten Weltkrieg ein internationales Rennen statt.

sich als weiße Markierungen auf den Asphalt fallen und überfahren, um möglichst lange den Blickkontakt mit den Verkehrsteilnehmern zu halten. Sie kriechen in die Navigationsgeräte der Autos, blinken die Fahrer an und schlagen bei Stockung und Stillstand Alarm. Sie mahnen zur Eile.

TEMPO ADELT

Die Tempolust besitzt zudem eine soziologische Komponente. Bis zu Beginn des Eisenbahnzeitalters 1835 galt die Nutzung der Geschwindigkeit als Privileg der Reichen und Superreichen. Nur sie verfügten über die notwendigen Mittel, etwa eine schnelle Nachrichtenübermittlung per reitenden Boten zu bezahlen. Zwar bekam mit der Eisenbahn jeder Mann und jede Frau nach den Worten von Jacob Burckhardt erstmals die Möglichkeit, »wie ein Vogel« dahinzufliegen, aber die Eisenbahn pfercht die Menschen in Waggons ein, wo sie sich dem Fahrplan, dem Willen des Lokomotivführers und dem Lauf der Schienen unterordnen müssen. Der Journalist Otto Julius Bierbaum nannte 1903 die Eisenbahnreise einen Gefangenentransport. Dagegen wurde das Automobil sofort zum Symbol von Dynamik, Freiheit, Individualität und Unabhängigkeit.

Umgehend bemächtigte sich auf dem Jahrmarkt der Eitelkeiten eine nahezu geschlossene Gesellschaft adeliger und großbürgerlicher Provenienz des neuen Fortbewegungsmittels, das wegen seiner technischen Raffinesse, seines hohen Preises und vor allem seines Geschwindigkeitspotenzials elitäre Abgehobenheit garantierte. Eine Koalition aus Blut- und Geldadel, Reichen und Einflussreichen fand sich in den ersten Automobilklubs zusammen, um für den Automobilismus als »Kulturaufgabe« zu werben und sich als Missionare der Geschwindigkeit zu engagieren. Die High Society, die sich zuvor in Jockey-Clubs getroffen hatte, um mit schnellen Pferden ihre soziale Überlegenheit zu demonstrieren, sattelte fortan auf weitaus mehr Pferdestärken um und wechselte vom Hippodrom zum Autodrom. Zwar konnten sich der alte und der neue Adel so ein letztes Mal ein Vorrecht auf Schnelligkeit reservieren, doch verwandelten die kommerziellen

◄
Motorsportbegeisterung in der DDR: Der Allgemeine Deutsche Motorsport Verband (ADMV) trägt seine Rennen unter anderem auf dem Sachsenring aus.

Interessen der Autoproduzenten und die Dynamik der Konkurrenzwirtschaft das neue Elitengefährt schon nach wenigen Jahrzehnten in einen Volkswagen. Gleichwohl blieb das Auto ein Distinktionsvehikel, mit dem sich die Hochmotorisierten auf der Überholspur von den Untermotorisierten abzusetzen versuchten.

Zu der weitgehenden Demokratisierung der Geschwindigkeit steuerten die Herrenfahrer selbst entscheidend bei, indem sie den Bau von Autorennstrecken und die Veranstaltung von Autorennen organisierten. Sie profitierten dabei von der zunehmenden Begeisterung für den Sport, der als Rekordsport mit seinem Höher, Weiter und Schneller riesige Menschenmassen anlockte und faszinierte. Schon um die Jahrhundertwende hatte die Zeitschrift *Der Motorwagen* prophezeit, das Auto habe nur eine Zukunft, wenn es gelinge, seine Geschwindigkeit zu erhöhen. Henry Ford, ebenso wie Carl Benz zunächst ein Gegner jeden Rennsports und der Jagd nach Geschwindigkeitsrekorden, musste schon bald erkennen, dass die Menschen im Auto nicht nur ein Transportmittel sahen, sondern auch eine Tempomaschine. Er reagierte umgehend. Mit seinem eigens dafür entwickelten Ford 999, benannt nach der damals schnellsten Lokomotive, ging er 1904 erfolgreich auf Rekordjagd. Auch andere Autobauer setzten auf Geschwindigkeit, um ihre Wagen besser zu verkaufen. Mercedes nutzte 1938 den Geschwindigkeitsrekord seines stromlinienförmigen, 736 PS starken Rennwagens, um für all seine Personenkraftwagen zu werben: »Rudolf Caracciola fährt auf Mercedes-Benz neue Rekorde!« – 432,7 km/h über den fliegenden Kilometer auf einer öffentlichen Straße. Selbst Lkw-Produzenten diente die Beschleunigung des Transports als zugkräftiges Argument.

Als in der Nachkriegszeit etwa 1960 die Vollmotorisierung erreicht war und Verkehrsminister fast wöchentlich einen neuen Autobahnabschnitt einweihten, prämierten die Autotester fortan jede zusätzliche Pferdestärke, die Beschleunigung und Höchstgeschwindigkeit steigerte, während sie die »lustlose« Beschleunigung eines Motors als unakzeptabel abstraften. Autobauer und spezielle Tuner zogen mit und motzten Alltagswagen zu Rennmaschinen auf. Heute lassen sich viele

▸

Andauernder Rekord:
Die Bestmarke von 432 km/h auf der Autobahn gilt bis heute. Dem nationalsozialistischen Regime bedeutet der Rekord von 1938 viel, da er deutsche Überlegenheit versinnbildliche.

▴

Rudolf Caracciola bei seiner Rekordfahrt auf der neuen Autobahn zwischen Frankfurt am Main und Darmstadt am 28. Januar 1938 im Mercedes W 125.

Pkw sportlich schalten. Auch in der Filmindustrie ließ die Attraktivität der schnellen Autos von Anfang an die Kassen klingeln. Mit Speed und waghalsigen Verfolgungsjagden kitzelten Regisseure die Nerven der Zuschauer und bedienten deren Träume und Albträume. BMW und andere warben für ihre schnellsten Modelle, indem Filmhelden wie James Bond am Steuer dieser Wagen die Menschheit vor dem Bösen retteten. Die Musikindustrie setzte gleichzeitig die Freude am schnellen Fahren in Hits um. 1982 surfte Markus auf der Neuen Deutschen Welle: »Ich geb' Gas, ich geb' Gas! Ich will Spaß, ich will Spaß!« Millionen stimmten ein und folgten nur zu gern den Anweisungen des Sängers. Geschwindigkeit verkaufte sich von Anfang an gut – sehr gut sogar.

So präsentieren sich denn auch alle Motodrome, die weltweit seit Anfang des 20. Jahrhunderts zuerst nach dem Vorbild von Radrennbahnen errichtet wurden, als Marktplätze der Geschwindigkeit. Sie gleichen riesigen Werbetrommeln, die mit dem Sirenengesang aufheulender Motoren die Zuschauer zum Kauf schneller Wagen und der dazu gehörigen Accessoires verführen sollen, die die Lust auf Geschwindigkeit fördern und der Geschwindigkeitssucht bis hin zum Geschwindigkeitswahn den Weg bereiten. Als 1913 der Bau der Berliner AVUS begann, versprach der Plan die größtmögliche Geschwindigkeit: zwei schnurgerade, jeweils knapp neun Kilometer lange Pisten, die an beiden Enden durch Rundkurven miteinander verbunden waren. Dieser Schießstand durch den Grunewald wurde zu seiner Einweihung im Sommer 1921 mit dem »schnellsten« damals zur Verfügung stehenden Belag versehen, der jedoch bereits wenige Jahre später den neuen Spitzengeschwindigkeiten nicht mehr standhielt, sodass sich Wagen und Fahrer aus der Bahn katapultierten. Doch offensichtlich kamen die etwa 300 000 Zuschauer, die in der Zwischenkriegszeit jeweils zu den großen Rennen auf der AVUS pilgerten, speziell wegen dieser mörderischen Mischung aus Höllentempo und Gefahr. Aus keinem anderen Grund strömen heute in jedem Mai rund 400 000 Fans zum »Demolition Derby« nach Indianapolis, um bei massenhaft Dosenbier und Hamburgern, angeheizt durch Marching Bands die verwegene Jagd der 700-PS-Boliden zu verfolgen. Es ist bezeichnend, dass die Eigentümer der AVUS wie auch die des Indianapolis Motor Speedway auf die vermehrten »Abflüge« nicht mit dem Einbau von Schikanen zur Geschwindigkeitsreduzierung reagierten, sondern mit noch »schnelleren« Belägen sowie in Berlin 1937 mit dem Ausbau der Nordkurve als Steilkurve. Sofort erreichte Hermann Lang auf Mercedes-Benz dort eine Spitzengeschwindigkeit von knapp 400 km/h. Selbst in der

◄ Michael Schumacher beim Großen Preis von Deutschland 1995 auf dem Hockenheimring.

▲
Die 1921 in Berlin eröffnete AVUS wird zunächst als Renn- und Teststrecke genutzt. Seit 1940 ist sie Teil der Berliner Stadtautobahn und wird bis 1998 nur noch an bestimmten Wochenenden für Rennen freigegeben wie hier im Jahr 1953.

unmittelbaren Nachkriegszeit kannte die Begeisterung der Massen für den Motorsport keine Grenzen. Zu den großen Rennen kamen Hunderttausende, die Zeitungen berichteten fast täglich von heute kaum noch bekannten Fernfahrten und Bergrennen.

Von Anfang an sorgten die Medien mit Sensationsberichten dafür, dass die Bevölkerung Geschwindigkeit wegen des damit verbundenen Risikos mit Genie, menschlicher Größe und Leistung gleichsetzte. Das Farbfernsehen steigerte seit den 1970er Jahren diese Faszination, indem es die Rennen als eine große Show in die Wohnstuben brachte, den Zuschauern spektakuläre Überholmanöver und Crashs in Slow Motion als ästhetisches Kunstwerk präsentierte und zugleich den Reiz und das Risiko der Geschwindigkeit veranschaulichte – no risk, no fun. Bereits in früheren Jahrzehnten genossen Rennfahrer wie Bernd Rosemeyer Heldenstatus, doch erst das TV machte aus den erfolgreichsten Piloten wie Michael Schumacher Superstars, die wegen ihres Tempos für Jugendlichkeit, Dynamik, Risikobereitschaft und Technikbegeisterung stehen.

Der kulturelle Wert der Geschwindigkeit wurde bei keiner anderen Rennkategorie deutlicher als bei der Jagd nach dem absoluten Geschwindigkeitsweltrekord für Landfahrzeuge. Mit diesem Kampf gegen die Uhr mutierte Geschwindigkeit endgültig zum reinen Selbstzweck. Obwohl diese »Schusswechsel« über eine Meile oder einen Kilometer – einmal hin und einmal zurück – den Zuschauern lediglich den Anblick einer vorbeifliegenden Kanonenkugel bieten, faszinierten diese Rekordfahrten die globale Gemeinde der Tempohungrigen von

Beginn an. Nachdem die beiden britischen »Geradeaus-Piloten« Henry O'Neal de Hane Segrave und Malcolm Campbell zwischen 1927 und 1935 die Weltrekordmarke bis auf 484,6 km/h hochgeschraubt und damit die für einen Engländer magische »Schallmauer« von 300 Meilen pro Stunde durchbrochen hatten, wurden beide in ihrer Heimat in den Adelsstand erhoben. Tempo adelt! Nichts belegt den Aufstieg von Tempo auf der gesellschaftlichen Werteskala eindrucksvoller als diese Ehrung der »Kings of Speed«. Ihre Nachfolger setzten sich mit Mach 1 ein noch höheres Ziel. Mitte Oktober 1997 war es soweit. Der Tornado-Pilot Andy Green stellte mit seiner 100 000 PS starken Thrust SSC in der Black Rock Desert in Nevada mit 1 227,98 km/h den »größten Rekord« auf, wie Green anschließend betonte. Oder nach den Worten seiner Aerodynamiker: »Wir bahnten den Weg hinter die Schallmauer als Pioniere. Jeder folgende ist nur noch ein Tourist.« Über Rennsport und Rekordfahrten gelangten Auto und Geschwindigkeit in die Träume unzähliger Menschen und über den materiellen Wohlstand in ihren Besitz.

Obwohl weiterhin ein latentes Unbehagen am Individualverkehr die öffentliche Debatte begleitet, bleibt das Auto weiterhin Symbol und PS-starker Motor eines beschleunigten Lebens und einer immer schneller rotierenden Welt. Es wird weiterhin beklatscht und bewundert, weil es uns ermöglicht, die »Schönheit der Geschwindigkeit« selbst zu erfahren. Deren Lack abzukratzen, misslang bisher allen Gurus der Entschleunigung. Zwar könnte dies der alternden Gesellschaft gelingen, doch lässt das selbstfahrende Auto die Senioren hoffen, ihr bisheriges Tempo beizubehalten.

▲
Dieser Sportwagen Melkus RS 1000 ist mit 70 PS und 165 km/h Höchstgeschwindigkeit eine Autosensation in der DDR. Nur 101 Fahrzeuge verlassen zwischen 1969 und 1979 die Herstellermanufaktur in Dresden. Angesichts des Kaufpreises von 30 000 Mark der DDR bleibt die Käuferschicht überschaubar.

BLICK PUNKT

ANGELA SCHWARZ

Need for Speed im Computerspiel

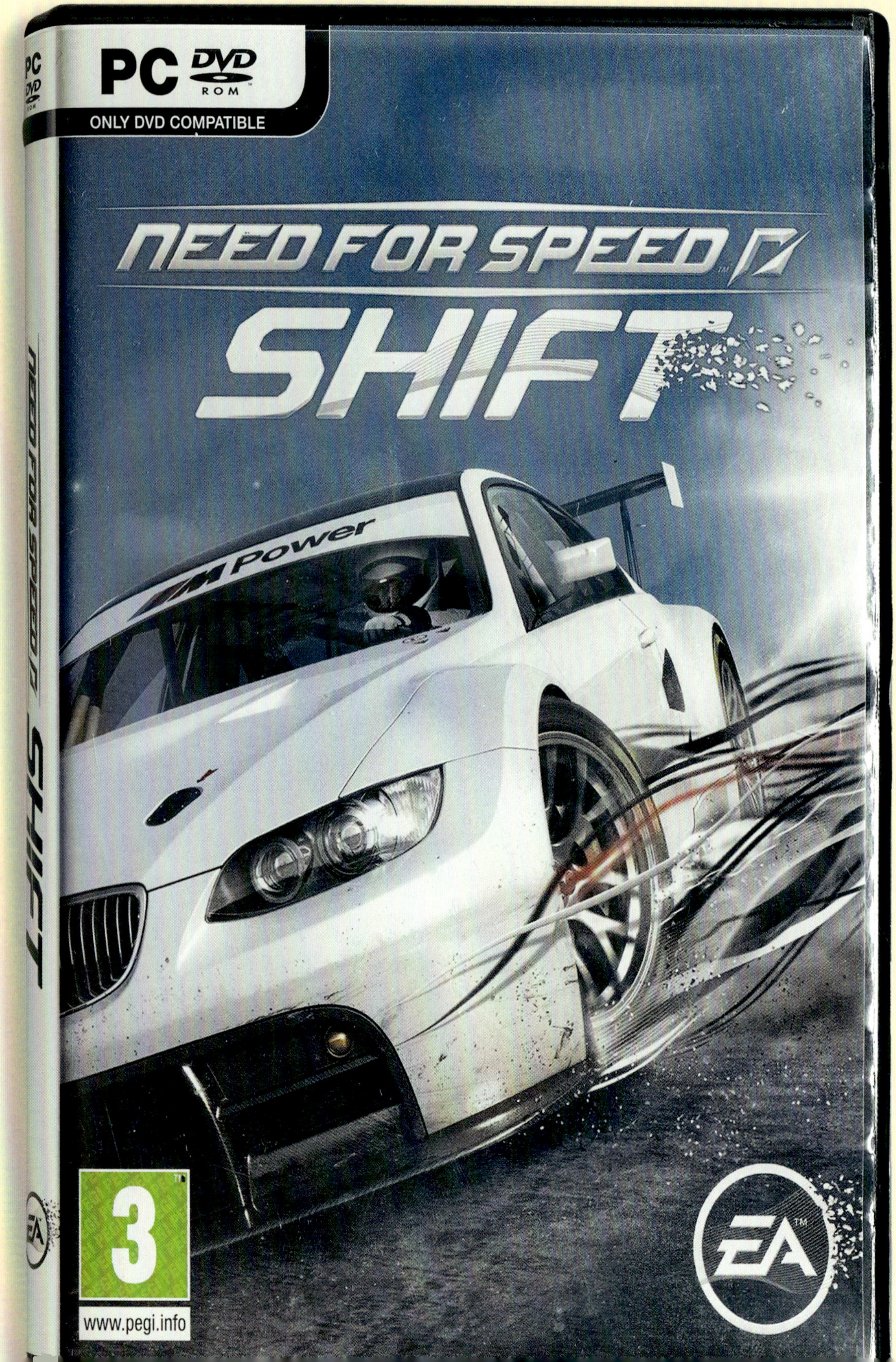

Menschen sind von Geschwindigkeit fasziniert, wollen sie erleben und spüren. Kaum eine Erfindung hat solch vielfältige Möglichkeiten geschaffen, eine für den menschlichen Körper ohne Hilfsmittel unerreichbare Bewegungsgeschwindigkeit zu erzielen und mit (fast) allen Sinnen wahrzunehmen, wie das Auto. Es verleiht überdies dem, der es zu lenken versteht, ein Gefühl von Macht, von Kontrolle und Beherrschung der Technik, das sich vor allem bei hohem Tempo einstellt. Das wiederum verursacht einen regelrechten »need for speed«, der nach unterschiedlichen Möglichkeiten sucht, ausgelebt, erlebt, gefühlt zu werden.

Facettenreiches Spiel

Die Möglichkeiten sind vielfältig. Für die einen ist das wahre Fahrgefühl nur das, was man empfindet, wenn man selbst am Steuer sitzt. Für andere stellt es sich auch beim Zuschauen ein, vorzugsweise bei Autorennen. Nicht wenige Menschen wollen das Rennerlebnis aber nicht nur als Zuschauer erleben. Wer dann keine Chance hat, zumindest an Amateurrennen teilzunehmen, kann auf verschiedene Formen der Simulation zurückgreifen, von denen das Computerspiel das populärste, vielfältigste und am weitesten verbreitete ist. Computerspiele haben das Rennwagenmodell der Spielhalle auf

◄

Die Serie *Need for Speed* erscheint seit 1994 bei der US-Firma Electronic Arts. Das ursprünglich für den PC entwickelte Spiel gibt es inzwischen auch für verschiedene Spielkonsolen, Handheld-Systeme und mobile Endgeräte wie Smartphones und Tablets.

▼

Realitätsnah: Autorennen aus der Fahrerperspektive in *Assetto Corsa*, Version 1.8 (2016).

Ein Jaguar E-Type beim »Autohändler« in *Shift 2 Unleashed* (2011) aus der Serie *Need for Speed.*

dem Fernsehbildschirm in ein ständig verfügbares, inhaltlich breit gefächertes und sensorisch facettenreiches Fahrerlebnis im eigenen Heim verwandelt. Sie bieten unzählige Variationen unterschiedlicher Erfahrungen, angefangen beim virtuellen Befahren historischer Rennstrecken in Fahrzeugen, die heute nur noch in Museen zu finden sind. Hinzugekommen sind lasergescannte Modelle aktueller Kurse, die man bestenfalls aus dem Fernsehen oder als Zuschauer an der Strecke kennt, ebenso wie rasante Fahrten auf Autobahnen und städtischen Straßen, die in der Realität unmögliche oder lebensgefährliche wilde Manöver und Massenkarambolagen einschließen könnten. Fesselnd ist dabei das Fahr- oder besser Spielgeschick, das Tempo, das Spiel mit den Folgen, die, in der Simulation ausgelebt, jenseits des danach erforderlichen Neubeginns der Spielhandlung aber folgenlos bleiben. Autorennen ließen sich schon früh in der Geschichte der Computerspiele nachvollziehen. Da Sportdisziplinen zu den ersten Aktionsfeldern gehörten, die in das digitale Spielen übertragen wurden, lag es nahe, auch den Rennsport, der in der Realität so viele Menschen begeisterte und immer noch begeistert, in die virtuelle Welt zu überführen. Mit Beginn der 1990er Jahre kamen verstärkt Spiele auf den Markt, die sich explizit an realen Rennen oder Rennserien orientierten: *Michael Andretti's World GP* (1990), *Paris Dakar 1990* (1990) oder *Formula One Grand Prix* (1991) konzentrierten sich dabei auf seinerzeit gegenwärtige Settings. Historische Rennen, Strecken und Fahrzeuge fanden ebenfalls Eingang in verschiedene Titel, so etwa in *Mille Miglia* (1991), das eines der ersten zwischen 1927 und 1957 in Italien ausgetragenen Langstreckenrennen thematisiert. Bei heutiger Betrachtung können sowohl die alten Autos als auch die grafischen Möglichkeiten der früher 1990er Jahre nur begrenzt den Rausch der Geschwindigkeit vermitteln.

Zwei Klassiker: Ford GT 40 (links) und Mini Cooper (rechts) in *GT Legends* (2005).

▼
Der finnische Formel-1-Fahrer Mika Häkkinen im McLaren-Mercedes in *Grand Prix 4* (2002).

Über das Spiel ans Steuer

Heute ist die grafische Qualität der Spiele so hoch, dass man glauben könnte, aus einer Fahrzeugkamera auf eine reale Rennstrecke zu schauen, wie in der Aufnahme von 2016 aus dem Spiel *Assetto Corsa* zu sehen ist. Szenen aus *Mille Miglia* und *Assetto Corsa* spiegeln dabei nicht nur die Entwicklung der Computergrafik wider, sondern auch die der (Fernseh-)Berichterstattung über Autorennen, deren Perspektiven sie vor der technischen Umsetzbarkeit in der Realität nicht selten schon vorwegnahmen, ebenso wie der Sehgewohnheiten des Publikums, das mit dem Blick von außen auf das Fahrzeug selbst aus der Vogelperspektive schon lange nicht mehr zufrieden ist. Das Computerspiel verändert durch seine Interaktivität allerdings noch weit mehr als nur die Blickwinkel, denn Spielerinnen und Spieler sehen nicht nur, wie gefahren wird, sondern fahren selbst – zumindest suggerieren die Spiele genau das.
Viele Tempo- und Rennbegeisterte spielen Titel, die auf Lizenzen basieren, vor allem die der Formel 1, die seit 2009 jährlich in einem neuen Spiel verfügbar ist, aber auch einzelne Jahre der World Touring Car Championship (WTCC) oder der DTM (früher: Deutsche Tourenwagen-Meisterschaft beziehungsweise Deutsche Tourenwagen Masters), jeweils mit realen Rennstrecken und Automarken sowie den Fahrernamen der jeweiligen Saison.
Selbst Spiele ohne Rennserienlizenz wie *Need for Speed: Shift* (2009), *GRID: Autosport* (2014), *Assetto Corsa* (2014) oder *Project CARS* (2015) nutzen Rennstrecken aus der realen Welt und lizenzierte Autos vom aufgemotzten Straßenwagen über GT-Rennwagen bis hin zu Sportwagenprototypen. Daneben gibt es auch noch Titel mit nur nachempfundenen Fahrzeugtypen und Rennstrecken.
Gesteuert wird klassisch mit der Tastatur am Computer oder dem Controller an der Playstation oder Xbox. Wer das Erlebnis Autorennen im Spiel noch verstärken will, kann auf zusätzliche Hardware zurückgreifen, etwa eigens zu dem Zweck entwickelte Lenkräder, Pedale für Gas, Kupplung und Bremse und selbst Sitze mit Lenkrad, Schaltknüppel und Pedalen, sodass Teile des Autos nicht mehr bloß virtuell nutzbar sind. Im Vordergrund steht hier ein Nacherleben der Fahrerfahrung, das so weit wie möglich an die Wirklichkeit heranreichen soll. Die meisten Rennspiele sind in ihrer Gegenwart angesiedelt. Sie nutzen den Rausch der Geschwindigkeit ebenso wie die Faszination

Grand Prix Legends: Start- und Zielgerade in Monaco mit Blick auf das Fürstentum.

Auto, die bei den Spielenden existiert; allein 1 200 wähl- und fahrbare Autos existieren in *Gran Turismo 6* (2013). Die Bandbreite, die so bedient wird, lässt sich in vielen Spielen noch dadurch vergrößern, dass die Fahrzeuge optisch nach den Vorstellungen der Spielerinnen und Spieler verändert werden können. Zudem lassen sich die Autos optimieren, indem Reifen, Lenkung, Getriebe und viele andere Details an jede Rennstrecke individuell angepasst werden können.

Flair vergangener Zeiten

Spiele, die explizit historische Rennen zum Gegenstand machen, wollen vor allem das Flair früherer Wettbewerbe aufleben lassen, was in erster Linie für die damaligen Autos, Strecken und in weit geringerem Maße für die Zeit gilt, in der sie ursprünglich ausgetragen wurden. So wirbt etwa *Spirit of Speed 1937* (1999) auf der Verpackung mit folgender Verheißung: »Tauchen Sie in die Welt der 30er Jahre ein: Soundtrack, Grafik und akkurate Zeitungsartikel«. Alles sei »gründlichst recherchiert«, »vom hölzernen Armaturenbrett bis hin zum satten Röhren der riesigen Motoren«. Andere Titel greifen die Popularität der Formel 1 auf, darunter die wohl bekannteste reine historische Rennsimulation *Grand Prix Legends* (1998) zur Formel-1-Saison von 1967. Neben bekannten Fahrernamen und als legendär wahrgenommenen Fahrzeugen sind es immer wieder die Rennstrecken, die wenigstens virtuell nachgefahren werden sollen, darunter auch solche, die es heute gar nicht mehr oder zumindest in der Form nicht mehr gibt: Rouen-les-Essarts, die 14 Kilometer lange Version der Strecke in Spa-Francorchamps oder der Nürburgring mit seinem alten Start- und Zielbereich, der 1983 beim Bau der heutigen Grand-Prix-Strecke abgerissen wurde.

Die Rennspiele haben oft eine sehr große Fangemeinde. Schon die Spiele der *Grand-Prix*-Reihe wurden millionenfach verkauft, für die späten 1990er Jahre eine beachtliche Zahl. Bei der Serie *Need for Speed* kommen die Verkäufe sämtlicher Ableger sogar auf insgesamt rund 150 Millionen verkaufter Einheiten, was sie in die Top-10-Franchises der Spielebranche einreiht.

Wer hohe Geschwindigkeiten im Auto virtuell erleben möchte, ist aber nicht allein auf Rennspiele und in der Regel offizielle Rennstrecken abseits der normalen Straßen beschränkt. Vielmehr erfreuen sich auch solche Spiele großer Beliebtheit, in denen Spielerinnen und Spieler unterschiedliche erfundene und reale Automodelle vom Smart oder Fiat 500 über den Hummer bis zu aktuellen Traumautos wie einem Lamborghini, Ferrari oder Porsche über die Pisten der berühmten Rennstrecken oder durch die Häuserschluchten bekannter Großstädte jagen können. *Autobahn Raser* (1998), *London Racer: Police Madness* (2005), *A2 Racer IV: The Cop's*

Bisher einmalig im Spiel: Die alte Haupttribüne (links) und die Boxenanlage (rechts) am Nürburgring in *Grand Prix Legends*.

Revenge (2001), *Burnout* (2001) oder *Bleifuß* (1995) können solche Spiele heißen. Und genügt das schnelle Fahren alleine nicht, so lassen sich zahlreiche Computerspiele finden, die das Geschwindigkeitserlebnis in eine mehr oder minder ausgefeilte Handlung einbetten, beispielsweise die *Driver*-Reihe (1999 bis 2011) – als »Spielplatz für Verfolgungsjagden« beworben –, die millionenfach verkauften Titel der *Grand-Theft-Auto*-Reihe (1997 bis 2015) in der Gegenwart, *Mafia* (2002) und *L.A. Noire* (2011) in der Vergangenheit angesiedelt. Die Möglichkeiten, ungehindert und folgenlos einmal so richtig Gas zu geben, erscheinen im Spiel beinahe grenzenlos. Und so bleibt das Auto auch in der virtuellen Welt – nicht nur – der Deutschen liebstes Kind.

Steilkurvenabschnitt auf dem historischen Monza-Kurs in Italien mit Formel-Rennwagen der 1960er Jahre in *Assetto Corsa*.

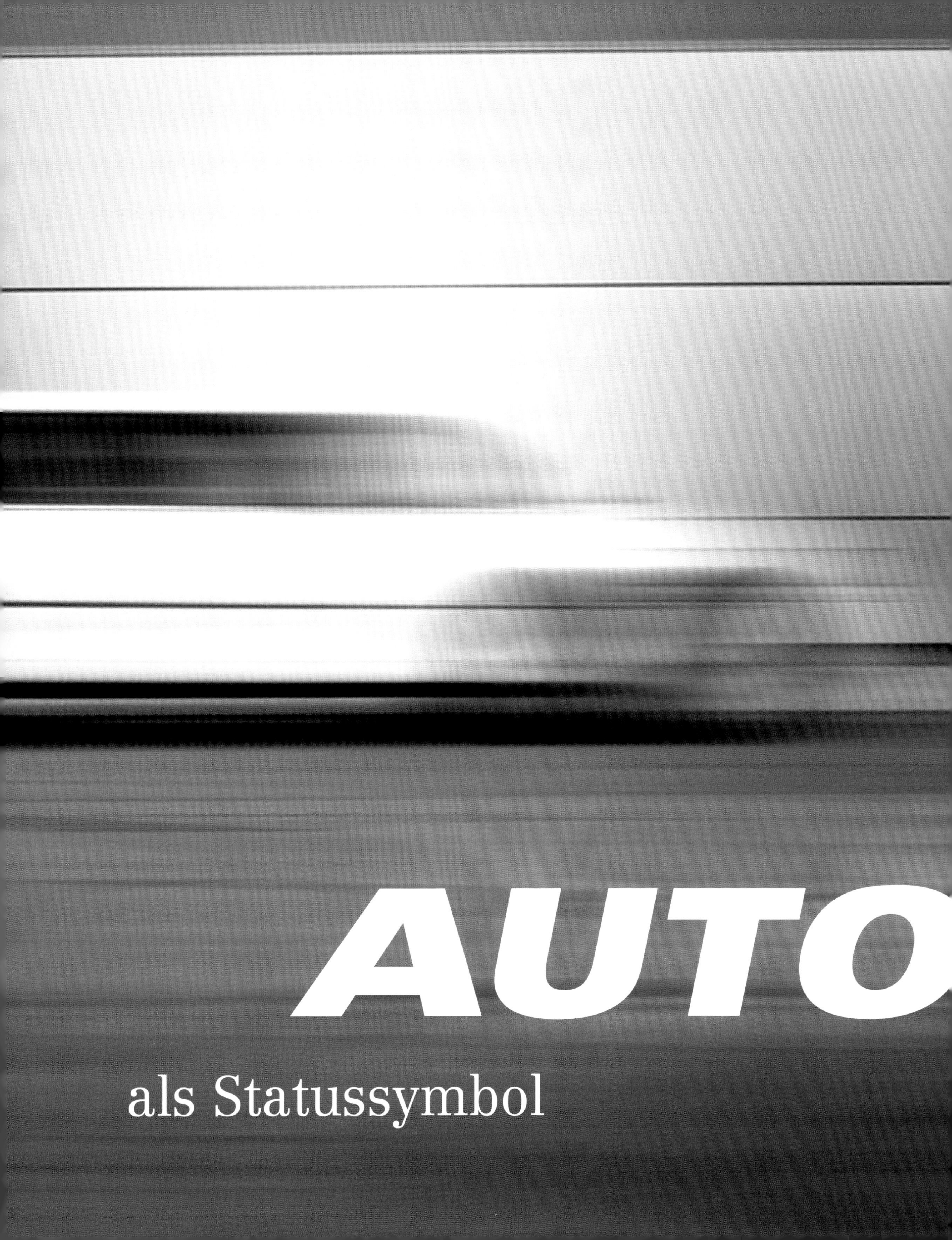

AUTO als Statussymbol

SUPER
8
E-RZ 1
D

SPIEGELBILD DER PERSÖNLICHKEIT

JOACHIM BREUNINGER

Nicht erst seit der Erfindung des Automobils hatten und haben Fahrzeuge immer wieder die Funktion eines Statussymbols, also eines Gegenstands, der die gesellschaftliche Stellung des Besitzers zum Ausdruck bringen soll.

Als sich die politische Elite Europas 1814 nach dem gewonnenen Krieg gegen die Truppen Napoleons zum Wiener Kongress in der österreichischen Hauptstadt traf, wurden die Organisatoren bald mit einem unerwarteten Problem konfrontiert. Viele der Zehntausenden Teilnehmer reisten mit repräsentativen Reisekutschen an, die in der Folge die Wiener Innenstadt verstopften und ein Verkehrschaos verursachten. Der Kongressbetrieb drohte zum Erliegen zu kommen. Die Gastgeber reagierten schnell auf dieses unerwartete Problem und fanden wegweisende Lösungen, die die Zukunft der Mobilität in den Städten vorwegnehmen sollten. Die großen Überlandkutschen mussten an der Peripherie in großen Remisen geparkt werden; die ersten Parkhäuser der Geschichte waren erfunden. Die Kongressteilnehmer konnten stattdessen in der Innenstadt eigens dafür angefertigte, standardisierte Mietdroschken, ähnlich wie Taxis heute, nutzen. Die Droschken wurden per Formular bestellt und waren in der Regel spätestens nach 15 Minuten zur Stelle.

Sämtliche für diesen Zweck hergestellte Wagen hatten ein einheitliches Grunddesign in Dunkelgrün. Durch das Dekor wurden drei »Klassen« gekennzeichnet: Kutschen für die Fürsten, für deren Gefolge, die Kavaliere, und Kutschen für sonstige Angestellte. Wer in den Wagen saß, war nun, im Unterschied zu den persönlichen Prachtkutschen der Fürsten, von außen nicht mehr erkennbar. Nur die Wagen des österreichischen Kaisers hatten ein komplett vergoldetes Fahrgestell und vergoldete Räder. Die Kutsche mit dieser kostbaren Sonderausstattung war ein exklusives Statussymbol des Kaisers und ein wichtiges Distinktionsmerkmal gegenüber allen anderen anwesenden gekrönten Häuptern. Die Zeitgenossen verstanden dies auch so und beschwerten sich darüber, die eigene Prachtkutsche nicht nutzen zu dürfen.

Die Fahrzeuge der Machthaber veränderten sich zwar im Lauf der Jahrhunderte, die Funktion jedoch blieb gleich: Sie sollten die herausgehobene Stellung der Insassen herausstreichen. Sie eigneten sich so hervorragend als Statussymbole.

◂◂ Das Kennzeichen E – RZ 1 ist in Essen bekannt: Der Krupp-Firmeninhaber und Ingenieur Alfried Krupp von Bohlen und Halbach fährt 1965 einen BMW 501 als Dienstwagen.

◂ Franz Joseph I., Kaiser von Österreich und König von Ungarn, bei einer Ausfahrt um 1910.
Die Postkarte zeigt eine teilkolorierte Fotomontage.

DER SALONWAGEN

Mit der Industrialisierung und der Entstehung eines Eisenbahnnetzes in Europa entdeckten die Herrscher den Salonwagen, der in seiner opulentesten Form Teil eines ganzen Hofzugs mit eigener Lokomotive, Speise-, Vorrats-, Gepäck- und Gefolgewagen war. Der erste bekannte Hofwagen der Geschichte wurde bereits 1842, also gerade einmal zwölf Jahre, nachdem die erste reguläre Eisenbahnstrecke zwischen Liverpool und Manchester ihren Betrieb aufgenommen hatte, für Königinwitwe Adelaide von England hergestellt. Eines der beeindruckendsten Beispiele in der langen Reihe der Salonwagen war sicherlich der Hofzug des bayerischen »Märchenkönigs« Ludwig II., der sich in den 1860er Jahren ein »rollendes Versailles« bauen ließ. Dieser Zug verursachte bei Ausfahrten allerdings so viel Aufsehen, dass Ludwig II. einen weiteren »Incognito-Zug« beauftragte, der äußerlich nicht ohne Weiteres von regulären Zügen der bayerischen Staatsbahn zu unterscheiden war.

Aus Hofzügen wurden nach dem Ende der Monarchien Regierungszüge. Sie gehörten noch bis in die 1970er Jahre des 20. Jahrhunderts in West- und Ostdeutschland zum Repräsentationsfundus der jeweiligen Regierungen. Die bundesdeutschen Kanzler von Konrad Adenauer bis Willy Brandt nutzten noch häufig die unter den Nationalsozialisten gebauten und später modernisierten Salonwagen der Deutschen Bundesbahn. Der Regierungszug der DDR wurde noch bis 1989 vorgehalten. Allerdings war der Staatsratsvorsitzende

▲
Der ursprünglich für Hermann Göring gebaute Salonwagen 10 205 dient deutschen Bundeskanzlern 1953 bis 1974 als Büro, Konferenzraum und »Hotel« bei Staatsbesuchen und auf Wahlkampfreisen. Heute passieren ihn im Haus der Geschichte Besucher, die mit der U-Bahn anreisen.

▲

Im August 1953 begleitet der Salonwagen Konrad Adenauer auf einer Wahlkampfreise nach Freising.

Mit Limousinen des schwedischen Autobauers Volvo will die Staats- und Parteiführung der DDR Weltoffenheit und Modernität beweisen, hier 1986 in Ost-Berlin.

Erich Honecker kein Eisenbahnfreund, sodass der Wagenpark schließlich nur einmal im Jahr bei der Ausfahrt zur traditionellen Hasenjagd mit dem diplomatischen Korps Ost-Berlins zum Einsatz kam.

SYMBOL DER MACHT

Mit dem Aufkommen des Automobils wurde auch dieses neue Verkehrsmittel sehr schnell zum Statussymbol der Herrscher. Wilhelm II. etwa, der sich von allem, was schnell war, begeistern ließ, selbst aber wegen seines gelähmten linken Arms nicht Auto fahren konnte, nutzte häufig Automobile. Im Fuhrpark des Kaisers befanden sich angeblich auch Wagen, bei denen für den Kaiser in der zweiten Reihe Gaspedal und Bremse eingebaut waren. Wilhelm II. soll Ersteres auch genutzt haben, wenn es nach seinem Dafürhalten wieder einmal zu langsam voranging.

Bis in die 1990er Jahre war selbstverständlich, dass bundesdeutsche Kanzler Mercedes Benz fuhren. Für Staatsgäste kam ab 1961 bis in die 1990er Jahre ein Mercedes 600 in Langversion (6,24 m) zum Einsatz. Erst mit dem »Autokanzler« Gerhard Schröder änderte sich dieses Bild. Heute sind im Regierungsfuhrpark alle deutschen Luxusmarken mit ihren Oberklassemodellen vertreten. Mittlerweile scheint die persönliche Vorliebe der Nutzer die Auswahl des gefahrenen Modells zu bestimmen.

Die Staatsspitze der DDR nutzte zunächst vor allem Fahrzeuge aus der Sowjetunion wie Tschaika und ZIL. Ab den 1960er Jahren kamen unter anderem tschechische Tatra 600, später 613 zum Einsatz. In den späten 1970er und frühen 1980er Jahren schließlich stiegen die Politiker auf Westprodukte um. Zunächst orderten sie verlängerte Volvo 264 bei dem Karosseriebauer Bertone in Italien, später wechselten sie mit dem 760er zum schwedischen Karosseriebauer Nilsson. 1978 schloss die DDR ein Joint Venture mit Citroën. Dabei sollte das Gelenkwellenwerk in Mosel bei Zwickau Fahrzeugteile produzieren. Aus diesem Anlass schenkte Citroën Erich Honecker zwei CX Prestige. Offenbar behagten die hydropneumatisch gefederten Fahrzeuge dem Staatsratsvorsitzenden so sehr, dass 1981 wieder bei Nilsson in Schweden zwei auf 5,50 Meter verlängerte CX 25 Prestige in Auftrag gegeben wurden. Schließlich hatte der westdeutsche »Klassenfeind« ja nach wie vor den über sechs Meter langen Mercedes Benz 600 bei Staatsempfängen im Einsatz. Wegen Zollstreitigkeiten bei der Ausfuhr dieser beiden Stretchlimousinen aus Schweden steckten die Fahrzeuge dort bis 1989 fest. Honecker musste so bei seinem Besuch in der Bundesrepublik 1987 widerwillig im 600er der Bundesregierung Platz nehmen. Insgesamt umfasste 1989 der Regierungsfuhrpark der DDR 310 Personenkraftwagen, darunter die Marken Volvo und Citroën.

Heutige Staatsoberhäupter markieren ihren Status in der Regel weniger über das genutzte Automobil. Weltweit sind es die immer gleichen, sich kaum unterscheidenden schwarzen Luxuslimousinen, die für den Regierungsfuhrpark angekauft werden. Das ultimative Statussymbol der heutigen Zeit ist der

Die Produktion
des Ford Modell T in Detroit,
nach 1913.

Regierungsflieger und hier natürlich die »Air Force One« des amerikanischen Präsidenten, die, ähnlich wie die goldenen Felgen des österreichischen Kaisers, jedem verdeutlichen, wer aktuell die Führung in der Welt beansprucht.

Bis nach dem Zweiten Weltkrieg blieb das Automobil in Deutschland ein Fortbewegungsmittel, das nur von einer Minderheit genutzt werden konnte. Noch 1933 waren mehr Motorräder als Autos in Deutschland angemeldet. Automobile waren extrem teuer, nicht nur in der Anschaffung, sondern vor allem im Unterhalt. Die notorisch unzuverlässige Technik musste permanent gewartet werden, am besten von einem eigens dafür angestellten Chauffeur. Wer sich ein Auto kaufen konnte, dokumentierte damit seinen Reichtum und seinen Status in der Gesellschaft. Entsprechend war auch das Verhalten der frühen Automobilisten gegenüber den nicht motorisierten Zeitgenossen. Hauptgrund für die Einführung von Fahrzeugkennzeichen 1907 waren die zahlreichen Fälle von Unfallflucht dieser Zeit. Vor dem Ersten Weltkrieg war die Presse voll von Berichten über rücksichtslose Autofahrer. Unfälle, insbesondere solche mit spielenden Kindern auf den bis dahin eher ungefährlichen Straßen, waren in den deutschen Großstädten an der Tagesordnung.

MOTORISIERUNG DURCH MASSENPRODUKTION

In den USA entstand in den 1920er Jahren durch den sogenannten Fordismus, benannt nach Henry Ford, dem Erfinder der Fließbandproduktion im Automobilbau, eine Kultur der Massenproduktion und des Massenkonsums. Das Automobil spielte dabei eine entscheidende Rolle, war es doch Fords Ziel, Automobile so günstig herzustellen, dass diese auch von den eigenen Arbeitern gekauft werden konnten. Das Modell T kostete weniger als ein Jahresgehalt eines Fließbandarbeiters, war sehr einfach gehalten, robust in der Technik und in allen Farben erhältlich, »solange sie schwarz« waren (Zitat Henry Ford). Zwischen 1908 und 1927 konnte Ford 15 Millionen Fahrzeuge dieses Typs verkaufen – eine Marke, die VW mit dem Käfer erst Anfang der 1970er Jahre übertrumpfen konnte.

In Westdeutschland vollzog sich diese Entwicklung zur Massenmotorisierung erst mit dem »Wirtschaftswunder« der 1950er Jahre. Mit der Demokratisierung des Automobilbesitzes veränderte sich auch die Bedeutung des Autos als Statussymbol. Der Besitz eines Autos an sich war nun nicht mehr Ausdruck einer gehobenen gesellschaftlichen Stellung. Die

▲
Porsche Cayenne
im März 2016
auf dem Werksgelände
in Leipzig.

»Erst wenn Du ein teures Auto hast, bist Du Teil der Welt der Reichen.«

Ralph Lauren, Modedesigner

Autowerbung jener Zeit betonte vor allem die praktischen Vorteile und Eigenschaften des neuen Verkehrsmittels. Zeitersparnis, Bequemlichkeit, Zuverlässigkeit, verbesserte Mobilität, Freiheit, fortschrittliche Technik und Design waren die Verkaufsargumente, die damals im Vordergrund standen.

DIE PERSÖNLICHE NOTE

Ab Mitte der 1960er Jahre verschafften sich Stimmen, die die Kultur des Massenkonsums skeptisch sahen, immer mehr Gehör. Konsumgüter galten nun nicht mehr primär als Zeichen der Teilhabe, sie erhielten zunehmend eine expressive Funktion in der Wahrnehmung ihrer Käufer. Wer sich in diesem Sinne etwas aneignete, wollte nicht etwas Bestimmtes haben, er wollte jemand Bestimmtes sein. Die herkömmlichen Autos erfüllten nicht den neuen Wunsch vieler Menschen im Westen nach mehr Individualität. Die Industrie reagierte auf diese Bedürfnisse, indem sie immer mehr Modelle für immer kleinere Zielgruppen entwickelte. Heute werden im deutschen Automarkt etwa 500 verschiedene Automodelle angeboten. Bestimmten Wagen wurden und werden bestimmte Rollen zugewiesen, und das Image einer Marke kann zum zentralen Faktor des Verkaufserfolgs werden. Das Auto avancierte so zum Lifestylesymbol. Schon 1959 etwa wurde der Opel Kapitän nicht mehr mit den technischen Vorzügen beworben. Jetzt war der Kapitän auf einmal zum »Spiegelbild der Persönlichkeit« geworden.

Manch einem genügte auch die breitere Modellpalette nicht. Durch Tuning, individuelle Veränderungen an der Leistung oder dem Design des Automobils versuchten Autobesitzer, ihren Wagen der eigenen Persönlichkeit anzupassen. Auch Accessoires und Aufkleber boten die Möglichkeit weiterer Personalisierung. Anfang der 1960er Jahre tauchten erste Plaketten auf, die die Zugehörigkeit zur katholischen Kirche unterstrichen: Die Aufschrift »SOS« wies darauf hin, dass der Fahrer bei einem lebensgefährlichen Unfall um Beistand durch einen katholischen Priester bittet. Ende der 1960er Jahre erfolgte eine Politisierung der Botschaften: Autofahrer bekannten sich mit Aufklebern wie »Willy wählen« im Wahlkampf 1972, mit Signets von CDU, CSU oder FDP zu ihren Parteien oder zu politischen Zielen. Eine besondere Projektionsfläche für die Persönlichkeit des Besitzers ist die Fahrzeuggattung der SUVs, die auf deutschen Straßen seit Mitte der 1990er Jahre zu finden ist. Sport Utility Vehicles geben vor, besonders geländegängig zu sein, und dies, obwohl ihre Einsatzgebiete vor allem die urbanen Zentren dieser Welt sind. Sie vermitteln das Bild, im Innenraum besonders geräumig und variabel zu sein, und gelten daher als besonders familiengeeignet. So hat der SUV die Fahrzeuggattung der Vans mittlerweile nahezu verdrängt. Von den 46 in Deutschland vertretenen Automarken bieten nur zwölf keinen SUV an. Diese Zahl wird sich in absehbarer Zeit auf vier Hersteller verringern. Global gesehen sind SUVs die erfolgreichste Kreation der Automobilindustrie seit Jahrzehnten. 2012 wurden knapp über drei Millionen Pkw neu in Deutschland zugelassen, davon knapp 500 000 SUV-Fahr-

► Politische Positionierung: Der Slogan »Willy wählen« ruft dazu auf, Bundeskanzler Willy Brandt am 19. November 1972 wiederzuwählen.

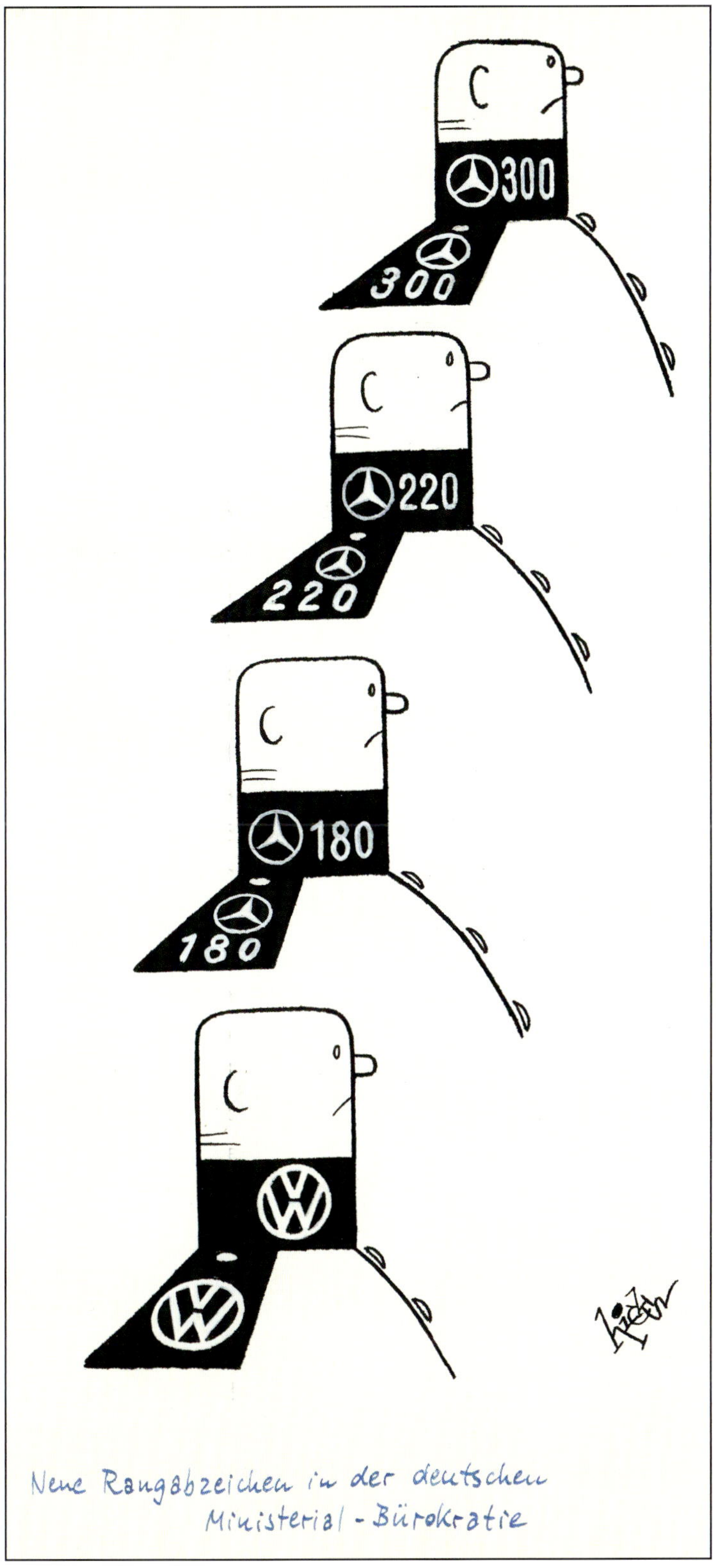

◂
Wolfgang Hicks' Karikatur aus dem Jahr 1955 illustriert: Das Modell des Dienstwagens korrespondiert mit dem Rang in der Ministerialhierarchie.

zeuge. Dieser Trend hält bis heute an, obwohl diese Fahrzeuggattung rational betrachtet vor allem Nachteile mit sich bringt. SUVs zeichnen sich aufgrund ihres hohen Luftwiderstands und ihres hohen Gewichts durch einen überdurchschnittlichen CO_2-Ausstoß und Spritverbrauch aus. Manche Modelle sind mittlerweile so groß, dass das Parken in herkömmlichen Tiefgaragen gar nicht mehr möglich ist. Gerade SUVs eignen sich aber hervorragend als Statussymbol, denn alles ist größer als normal. Größe signalisiert Reichtum und einen herausgehobenen Status. Die Sitzposition der Insassen unterstreicht dies noch. Viele SUVs waren darüber hinaus mit »Kuhfängern« – überdimensionalen verchromten Zusatzstoßfängern – »verziert«, die besonders für Fußgänger eine Bedrohung waren, als diese Stoßstangen in Deutschland noch erlaubt waren. Der SUV wird so zur Ego-Maschine, die den anderen Verkehrsteilnehmern die eigene Überlegenheit signalisieren soll.

DIENSTWAGEN ALS STATUSSYMBOL

Während der Siegeszug des SUVs global ist, unterstreicht eine Sonderentwicklung des deutschen Automobilmarkts die Entwicklung des Autos zur Ego-Maschine besonders: das Dienstwagenprivileg. Firmen können in der Bundesrepublik Deutschland die Anschaffungskosten ihrer Fahrzeuge von der Steuer absetzen und ihren Mitarbeitern diese Pkw als Teil der Entlohnung – auch zur privaten Nutzung – zur Verfügung stellen. Die Mitarbeiter versteuern die Fahrzeuge über ihre Lohnsteuer monatlich mit einem Prozent des Anschaffungswerts. In der Regel wird für Arbeitnehmer mit Dienstwagenberechtigung ein Rundum-sorglos-Paket geschnürt, das sich über Reparaturen bis zur Tankrechnung erstreckt. Dienstwagen bringen den sozialen Status ihrer Fahrer in Deutschland für alle, die den Code lesen können, klar zum Ausdruck. Viele Firmen haben ein fein abgestuftes System, das bestimmten Hierarchieebenen bestimmte Fahrzeugklassen und Ausstattungsvarianten zugesteht. Somit ist der Status des Fahrers in der Firmenhierarchie für Eingeweihte sofort erkennbar. Über 80 Prozent aller in Deutschland neu zugelassenen Autos der oberen Mittel- und Oberklasse deutscher Hersteller sind mittlerweile Dienstwagen; rund zwei Drittel aller Neuwagenzulassungen sind gewerblicher Art. Kritiker wie der Bund für Umwelt und Naturschutz Deutschland (BUND) sprechen von einer verdeckten Subventionierung vor allem der deutschen Automobilwirtschaft in Höhe von mindestens zwei Milliarden Euro pro Jahr. Zudem wird bei der Anschaffung von Dienstwagen eher wenig auf Aspekte wie »Umweltfreundlichkeit« und »Verbrauch« geachtet, da die Tankrechnung der Arbeitgeber zahlt, der diese Kosten ebenfalls steuerlich absetzen kann. Für die Nutzer von Dienstwagen ergibt sich so eine Art »Flatrate-Autofahren«. Auch werden diese Fahrzeuge vermutlich häufiger genutzt, als das bei einem komplett selbst finanzierten Auto der Fall wäre. Gerade hier scheint deutlich zu werden, dass Automobile neben ihrer Funktion als Imageträger nach wie vor wirkungsvolle Statussymbole sind, die Kollegen, Geschäftspartner, Konkurrenten und Nachbarn beeindrucken sollen.

MANGELWIRTSCHAFT IN DER DDR

Anders in der DDR: Zwar war auch im Sozialismus der Massenkonsum für alle das erklärte Ziel. Erreicht wurde die Massenmotorisierung aufgrund vieler andauernder Versorgungsengpässe jedoch nie. Automobile blieben bis zum Ende der DDR Mangelware und waren ein begehrtes Produkt, auf das teilweise bis zu 15 Jahre gewartet werden musste. Kamen im Westen in den 1980er Jahren auf einen Pkw drei Einwohner, betrug dieses Verhältnis im Osten Deutschlands 1:10. Gleichzeitig blieb der Stand der Fahrzeugtechnik in der DDR immer weiter hinter dem westlicher Fahrzeuge zurück.

Autos aus dem Ausland, vor allem aus dem westlichen Ausland, waren daher die Statussymbole im ostdeutschen Alltag. Über die Jahrzehnte importierte die DDR immer wieder ausländische Fahrzeuge in sehr überschaubaren Stückzahlen. Automarken wie Hillman, Renault, Simca, Mazda, VW oder Volvo, aber auch Moskvich, Lada oder Škoda waren in der Regel herausgehobenen Personen vorbehalten. Sämtliche Importautos waren nicht nur selten, sondern auch sehr teuer. So kostete etwa ein Lada zwischen 20000 und 30000 DDR-Mark: Für Normalverdiener im »Arbeiter- und Bauernstaat« waren diese Modelle daher unerschwinglich. Die dafür notwendigen Bezugsscheine erhielten neben verdienten Parteikadern vor allem Mitglieder der sogenannten Intelligenz, also Ärzte, Ingenieure, Professoren, aber auch Schauspieler, Sportler und ehemals Verfolgte des nationalsozialistischen Regimes.

▲
Genex liefert gegen Bestellung und Bezahlung in Westdevisen binnen weniger Wochen Autos, auf die die Menschen in der DDR ansonsten Jahre warten müssen.

Fixies, Fahrräder mit starrem Gang und meist ohne Bremse und Gangschaltung, erobern seit einigen Jahren weltweit die Großstädte.

In den 1980er Jahren schließlich wurden 10000 VW Golf, 1000 Volvos sowie im Umfeld des Japan-Besuchs von Erich Honecker eine unbekannte Anzahl von Mazda 323 in die DDR importiert. Erklärtes Ziel der Staatsführung war, das Straßenbild vor allem in Ost-Berlin zu »internationalisieren«. Hier wurde eine ganze Fahrzeuggattung offensichtlich zum staatlichen Statussymbol erklärt, um das Image der DDR aufzubessern. Insgesamt jedoch blieb der Anteil der ausländischen Fahrzeuge in der DDR immer deutlich unter 10 Prozent des Gesamt-Pkw-Bestands.

NEUE FORMEN DER MOBILITÄT

Die Zukunft des Automobils als Statussymbol scheint fraglich. »Spiegelbilder der Persönlichkeit« sind heute eher Smartphones, die Anzahl der Likes auf dem Facebook-Account oder das »Fixie«, ein absolut nicht den Regeln der Straßenverkehrsordnung entsprechendes, aber deswegen um so stylisheres Fahrrad, welches die »Hipster« in deutschen Großstädten gern nutzen, um im »Urban Jungle« den altmodischen Autofahrern einmal zu zeigen, was eine Harke ist.

Heute nutzt nur knapp die Hälfte der 17-Jährigen die Möglichkeit des »begleiteten Fahrens«. Der Erwerb des Führerscheins scheint nicht mehr so eilig und wichtig zu sein, wie er es einmal war. Auf ganz besondere Weise demonstrierte dies der Fußballnationalspieler Marco Reus, der 2015 dabei erwischt wurde, schon seit Jahren in Supersportwagen ohne Führerschein unterwegs zu sein. Interessant ist, dass im Alter von 25 Jahren dann doch wieder praktisch alle jungen Menschen in der Bundesrepublik einen Führerschein vorweisen können. Gleichzeitig hat sich die Anzahl der Pkw-Halter zwischen 18 und 24 Jahren seit Ende der 1990er Jahre halbiert.

Im Jahr 2010 gaben bei einer Umfrage der Münchner Unternehmensberatung Progenium nur noch 17 Prozent an, ihr Auto als Statussymbol zu sehen. 2014 sah die *Süddeutsche Zeitung* den »Peak Car«, also den Höhepunkt der weltweiten Automobilproduktion, erreicht. Die Zahl der zurückgelegten Kilometer sinkt seit einigen Jahren in den USA ebenso wie in Europa. Vor allem junge Menschen fahren weniger Auto. Die Digitalisierung unserer Alltagswelt ersetzt einerseits Reisegründe und ermöglicht andererseits ein multimodales Mobilitätsverhalten, bei dem je nach Anlass der öffentliche Personennahverkehr, Fernbus, Zug, Carsharing, Taxidienste oder etwa das Fahrrad genutzt werden.

Der Megatrend der zunehmenden Verstädterung unterstützt diese Entwicklung weiter. In Europa nutzten 2016 schon mehr als fünf Millionen Menschen Carsharing-Angebote. Das autonom fahrende Auto wird diesen Trend noch weiter verstärken. Vorstellbar ist, dass das geteilte Auto zukünftig einen höheren sozialen Status genießen wird als das herkömmlich gekaufte. Autohersteller wie BMW und Mercedes Benz haben darauf reagiert und engagieren sich mittlerweile selbst bei Carsharing-Unternehmen. Toyota hat im Jahr 2016 Anteile in ungenannter Höhe von Uber, einem Online-Vermittler für Fahrdienstleistungen, erworben.

▼

teilAuto entsteht 1992 in Halle (Saale) und ist damit einer der ersten Carsharing-Anbieter. Mittlerweile existieren in Deutschland etwa 150 Firmen in diesem Bereich.

Wichtiger als der Besitz eines Fahrzeugs wird, zumindest in den Metropolregionen dieser Welt, die Möglichkeit sein, eines zu nutzen. Die jeweiligen Mobilitätsbedürfnisse der Kunden unkompliziert zu befriedigen, wird die große Herausforderung für die Automobilproduzenten der Zukunft sein, wollen sie nicht als Zulieferer großer Dienstleistungskonzerne wie Google oder Uber enden. Das Auto als Statussymbol spielt in dieser Welt der Sharing Economy nicht mehr die herausgehobene Rolle, die es heute noch hat.

WOLFRAM NICKEL

Auto als Kult

Wahnwitzige Verfolgungsjagden, irrsinnige Stunts und Rennen am Limit: Es gibt viele Kinofilme, die Popcorn und PS vereinen und die Herzen von Autofans höher schlagen lassen. Allerdings war der deutsche Film *Manta, Manta* um ein Opel-Mittelklassemodell im Jahr 1991 viel mehr als nur ein weiterer Kassenknüller in der fast endlosen Reihe internationaler Erfolgsstreifen wie *Bullitt* (USA 1968), *Fluchtpunkt San Francisco* (USA 1971) oder *American Graffiti* (USA 1973), in denen Autos tragende Rollen besetzen und Kultstatus erlangen. *Manta, Manta* zog etwa 1,2 Millionen Menschen allein in die deutschen Kinos und bannte bei der späteren Erstausstrahlung von RTL sogar rund 11,5 Millionen Zuschauer vor dem Fernseher.

Und das, obwohl vier Wochen vor dem Kinostart mit *Manta – Der Film* bereits eine andere Actionkomödie zum selben Thema auf den Leinwänden zu sehen war. Zwei Filme, die das klassische Großseriencoupé Opel Manta als PS-protzende Prollkarre präsentierten und den bereits vorhandenen Kultstatus des Modells mit dem Adlerrochen im Namen zur Legende steigerten. Im Falle von *Manta, Manta* gelang dies auch durch die populären Protagonisten, den Manta-Fahrer Bertie (Til Schweiger) und seine Freundin, Friseurin Uschi (Tina Ruland), die in dem Opel für Fuchsschwanzfans und Fuchsröhrenkurven alle Klischees der Tuningszene erfüllten. Gewiss, es gab zuvor schon andere Massenmodelle wie den VW Käfer, der 1968 als Wunderauto Herbie in der amerikanischen Filmkomödie

◄

Manta, Manta (1991) des Produzenten Bernd Eichinger setzt sich humoristisch mit den Klischees rund um Manta-Fahrer auseinander. Das Filmplakat zeigt die beiden Hauptdarsteller Tina Ruland und Til Schweiger.

▲

Im Film *Manta, Manta* kommen zwei baugleiche Fahrzeuge zum Einsatz. Eines davon existiert noch heute.

Ein toller Käfer Karriere machte und so seinen Kultstatus erhöhte. Oder die drei Mini Cooper, die 1969 in der britischen Komödie *The Italian Job* als kultige Fluchtfahrzeuge fungierten. Dann 1981 die spektakulären Filmfahrten der »Ente« Citroën 2CV im James-Bond-Abenteuer *In tödlicher Mission*. Im Unterschied zu diesen und anderen berühmten Massenmodellen driftete der Opel Manta erst lange nach Produktionsende in Autofilmen zu frischem Ruhm, der bis heute nicht verwelkt ist und durch TV-Wiederholungen oder Filmvorführungen bei Fantreffen regelmäßig revitalisiert wird.

Image reloaded

Einzigartig sein dürften auch die extremen Imagewandlungen des über eine Million Mal verkauften Opel-Coupés. Tatsächlich startete das spätere wilde Kultauto seine Laufbahn im Jahr 1970 ganz bieder als zahmer Vierzylinder. Ein preiswertes Auto, mit dem Opel eine Antwort fand auf den ein Jahr früher eingeführten Ford Capri, der erfolgreicher war. Möglich machten das optionale starke Sechszylinder, die ausgerechnet Familienväter mitten ins Herz trafen. Trotzdem trat die 1975 lancierte zweite Generation des Opel Manta weiter brav auf. Bissig wurde der Manta erst 1981, als er zum üppig beflügelten Muskelpaket mutierte mit dem verheißungsvollen Power-Signet Manta 400. In der Folge flog der Manta über die Dünen der Sahara und gewann seine Klasse bei der Rallye Dakar. Auch auf dem Nürburgring war er nun Publikumsliebling, der nicht nur in der legendären Fuchsröhre Gegnern das gewaltig dimensionierte Auspuffrohr entgegenstreckte. Gefeiertes Machogehabe, das auf die Straße übertragen wurde.

▲
Manta – Der Film hält sich 1991 mehrere Wochen auf Platz 1 der deutschen Kinocharts. Der Protagonist Fred Grabowski (Sebastian Rudolph) versucht, seine Herzensdame Tina (Nadeshda Brennicke) mit seinem Auto zu beeindrucken.

◄
Mit dem Fuchsschwanz an der Antenne: Opel Mantas sind auch beim jährlichen 24-Stunden-Rennen für Tourenwagen und Gran-Turismo-Fahrzeuge auf dem Nürburgring mit von der Partie.

Es waren 16-Ventiler und neue Anbauteile wie der serienmäßige Heckflügel, die den Manta begehrenswert machten. Wer sich als Jugendlicher keinen neuen Manta kaufen konnte, gönnte sich einen preiswerten Gebrauchten, rüstete diesen mit Teilen aus der Tuningszene auf und war der Star beim Szenetreff oder auf dem Diskotheken-Parkplatz – ganz so wie in der Filmkomödie *Manta, Manta.* Damit wandelte sich das Image des Coupés zum letzten Mal. Nachdem aus dem Biedermann ein Brandstifter hervorgegangen war, transformierten die Bastler und Tuner den Manta nun zur sogenannten Prollschüssel.

Zwischen Spott und Kult

»Prollschüssel« und zeitloses Kultauto schließen sich jedoch keineswegs aus. So bewegt der Manta seitdem die Gemüter durch Fuchsschwanz an der Antenne, Kenwood-Aufkleber im Rückfenster und eine beispiellose Manta-Witz-Welle, die Ende der 1980er Jahre einsetzte. Darin tragen Manta-Fahrer den Namen Manni, sprechen Ruhrpott-Slang, besitzen bestenfalls Hauptschulabschluss, haben eine blonde Friseurin als Beifahrerin und bedienen sich gerne des Ausrufs »Boah Ey!« Dazu passt als angeblich kürzester Manta-Witz: »Steht ein Manta vor der Uni…«. Diese Manta-Witze überlebten die Jahrtausendwende, beeinflussten die Umgangssprache durch neue Begriffe wie Mantaplatte für Currywurst mit Pommes frites oder Mantalette für Cowboystiefel, beschäftigten Volkskundler, die Werbewirtschaft und initiierten ein virales Video, in dem scherzhaft Porsche als Urheber der Manta-Witze genannt wurde.
Obwohl sie Spottobjekt waren, nahmen die realen Manta-Fahrer

▲

Typische Filmszene aus *Manta, Manta:* Tina und Bertie auf dem geliebten Manta.

zumindest den Kultstatus ihres Fahrzeugs mit Freude zur Kenntnis, etwa als um 1990 die A-Cappella-Gruppe Norbert und die Feiglinge einen Manta-Song zum Überraschungserfolg machte oder die Fernsehshow *Wetten dass…?* Manta-Fahrer mit Namen Manni und einer Friseurin als Partnerin suchte. Auch Selbstironie oder Stolz war Manta-Besitzern nicht fremd, wie sich an bis heute erhältlichen Aufklebern zeigt mit dem Spruch »Opel fahr'n is wie wennze' fliechst«. Ein Credo, das sich auf den Slogan bezieht »Nur Fliegen ist schöner«, der mit dem extravaganten Sportcoupé Opel GT verknüpft war. Auf einem Manta drücken die Sprüche ein anderes Lebens- und gesellschaftliches Zugehörigkeitsgefühl aus.

Und dies vor allem im Ruhrgebiet, jener Region, die sich durch das Opel-Werk in Bochum immer besonders eng mit der Marke im Zeichen des Blitzes verbunden fühlte.

Weshalb die im Film *Manta, Manta* liebevoll in Szene gesetzte Prollkultur mit Fuchsschwänzen, Goldketten, Cowboystiefeln, Kaugummis, harten Sprüchen und Manta-Witzen ihre Rennen und Rangeleien auch in jener Industrielandschaft austrägt. Dort, wo Opel intensiver als irgendwo sonst getunt werden und Inbegriff zuverlässiger Sportlichkeit sind.

Moderne Kontrahenten

Im Film *Manta, Manta* geht es deshalb ebenfalls vor allem um Rennen, die Berti mit seinem getunten Manta gegen Golf GTI und schnelle Mercedes 190 fährt. Zwei moderne Kontrahenten, die 1991 selbst schon Kultstatus erlangt hatten und Gegenpole zum antiquierten Manta darstellten.

Der VW Golf GTI als erster moderner Kompakter mit Vorderradantrieb war damals neues Lieblingskind der Tuningszene und ist es bis heute, wie die jährlichen GTI-Treffen am Wörthersee in Österreich zeigen. Diese Festivals pflegen den Kultstatus des kompakten Sportlerwagens – unterstützt von Volkswagen. Schließlich fördert ein Kultimage auch den Neuwagenabsatz.

Diese Erfahrung machte auch Mercedes-Benz mit seinem Modell 190. Die Baureihe wurde 1982 als neues Einstiegsmodell platziert, anfangs aber ob ihrer kompakten Abmessungen von nicht wenigen Autofans als »Baby-Benz« bespöttelt. Bis die in den 1980er Jahren neue gesellschaftliche Gruppe der »Yuppies« – junge, karrierebewusste, großstädtische Menschen – den kleinsten Mercedes als Statussymbol entdeckte und Sport-Limousinen wie der Mercedes 190 E 2.3-16 zusätzlichen Kultstatus erlangten. Jeder der drei automobilen Rivalen – Opel Manta, Golf GTI und Mercedes 190 – hatte also seine eigene Fanszene mit unterschiedlichem gesellschaftlichem Hintergrund.

Ob es künftig noch Kultautos geben wird? Vielleicht – solange bestimmte Autotypen gesellschaftlich relevant sind und mit Emotionen oder Erinnerungen aufgeladen werden.

AUTO und Frau

Warum wir uns beim Thema Geschmack an Damen wenden

Weil Damen viel Geschmack und viele Wünsche haben. Darum haben wir vorgesorgt. Es gibt sehr viele Möglichkeiten, einen Mercedes-Benz nach Ihren persönlichen Wünschen auszustatten. Von der Lack-, Polster- oder Lederfarbe über Teppiche und Radio bis zur Radzierblende. Für den Mann sind Leistung, Technik, Bequemlichkeit vielleicht wichtiger. Aber einer Frau erfüllt er gern ihre kleinen Wünsche: entweder einen eigenen Mercedes-Benz – der ist so leicht zu fahren – oder einen Führerschein oder Polster aus echtem, schönem, rotem Leder (zum Beispiel).

Zu Ihrer Information:
Wenn Sie wollen, können Sie zwischen 76 verschiedenen Lackierungen und 697 Polster-Kombinationen wählen (Stoffe, Leder, Kunstleder in allen Material- und Farbkombinationen). Außerdem gibt es für alle Modelle auf Wunsch das perfekte Daimler-Benz Automatische Getriebe und Servolenkung.

MERCEDES-BENZ

Ihr guter Stern auf allen Straßen

FRAUEN ALS FAHRERINNEN UND KÄUFERINNEN

DORIS KORTUS-SCHULTES

Welche Anforderungen, Vorlieben und Bedürfnisse bewegen Frauen, wenn sie einen Autokauf vorbereiten, wenn sie ein Auto fahren oder wenn sie zur Kfz-Werkstatt müssen? Das untersuchen seit November 2003 sechs Professorinnen und Professoren sowie ein Praxispartner im Kompetenzzentrum Frau und Auto an der Hochschule Niederrhein. Aus den Blickwinkeln der Fachgebiete Soziologie, Design, Konstruktions- und Fertigungstechnik, Statistik und Marketing wurden seitdem etwa 8000 Autofahrerinnen und Autofahrer in Deutschland befragt und die Ergebnisse der Untersuchungen publiziert.

»Endlich werden wir einmal gefragt!«, war anfangs fast immer der erste Kommentar der Autofahrerinnen, die zum Thema interviewt wurden. Sie freuten sich, ihre Wünsche und Vorstellungen, wie das Auto weiter verbessert werden könne, endlich einmal vorzutragen. Die Überlegungen zielten weniger auf Motorleistung und PS, sondern auf den täglichen Gebrauch des Fahrzeugs und die dabei empfundenen Mängel: ein Sitz, ein Lenkrad und auch ein Gurt, die als nicht ausreichend verstellbar beklagt wurden, vor allem von kleinen, zierlichen Frauen; fehlende Ablagemöglichkeiten im Bereich des Fahrersitzes sowie fehlende Befestigungen für einen sicheren Transport von Einkaufsgütern im Kofferraum.

Wir waren von Beginn an auf der richtigen Fährte, denn das maskulin geprägte Produkt Auto war inzwischen Alltagsgegenstand für die Autofahrerinnen geworden, und aus ihren alltäglichen Erfahrungen an die damit zu erfüllenden Transport-, Einkaufs- und Familienpflichten wuchs die Liste der Anforderungen an das Fahrzeug. Männer rümpften häufig verächtlich die Nase angesichts solch trivialer Anforderungen an ihr »heilig's Blechle«. Sogar nach Handtaschenhaken im Auto wagten Frauen zu fragen oder wie sie besser im Auto ihre Berichte schreiben könnten, wenn sie beruflich im Außendienst unterwegs waren. Das Auto war Alltagsgegenstand und hatte Zweckbedingungen zu erfüllen. Denn in unseren Befragungen artikulierten sich am Anfang des neuen Jahrtausends Frauen, die im Vergleich zu ihren Müttern in weit größerem Umfang über höherwertige Bildungsabschlüsse verfügten, in der Regel erwerbstätig waren und teilweise auch anspruchsvolle berufliche Positionen erobert hatten.

Die Entwicklung im Führerschein- und Pkw-Besitz von Frauen lässt sich als Indikator gesellschaftlicher Veränderungen lesen: So besaßen im Jahr 1982 in der Bundesrepublik Deutschland etwas weniger als vier von zehn Frauen in der Altersklasse von 50 bis 59 Jahren einen Führerschein im Vergleich zu mehr als acht von zehn Männern, und weniger als drei von zehn Frauen der 60- bis 64-Jährigen, wobei der Führerscheinbesitz der Männer in dieser Altersklasse bei mehr als sieben von zehn Männern lag. Der Anteil der Führerscheinbesitzerinnen stieg in der Zwischenzeit in beiden Altersklassen auf etwa neun von zehn Frauen an und zeigt in der Quote nur noch wenig Unterschied zu den gleichaltrigen Männern. Inzwischen liegt in den jüngeren Altersklassen der Anteil im Führerscheinbesitz sowohl für Frauen als auch Männer bei über 90 Prozent der Alterskohorten, wobei allerdings in der jüngsten Vergangenheit in der Altersklasse bis 29 Jahre ein Rückgang zu beobachten ist. Der Führerschein wird später gemacht,

◄
Ton in Ton: Schon in den 1960er Jahren weiß die Autowerbung, dass Frauen Wert auf Farben, Formen und Stoffe legen.

Rosina Mock, Jahrgang 1941, macht in der DDR mit 20 Jahren den Führerschein. Ihr erstes Familienfahrzeug ist ein IFA F9, wie das Foto von 1969 zeigt.

und auch die Anschaffung des ersten eigenen Autos verschiebt sich aufgrund eines späteren Einstiegs in die Berufstätigkeit in höhere Altersklassen.

RÜCKBLICK: INITIATIONSRITUS UND ERWACHSENSEIN

Für viele Frauen, die heute 50 Jahre und älter sind, war ihr erstes eigenes Auto ein großer Schritt in die Freiheit, verbunden mit einer Loslösung vom Elternhaus. Unter dem Motto »Rückblick. Frauen zeigen: ›Das war mein erstes Auto‹« wurden in der 2008 veröffentlichten Untersuchung *Weibliche Auto-Kultur: Rückblick, Einblick und Ausblick. Bild- und fotogestützte Ergebnisse einer qualitativen Studie* Frauen zu ihrem ersten Auto befragt. Die interviewten Frauen der Geburtsjahrgänge 1935 bis 1955 hatten überwiegend in Fahrschulen Autofahren gelernt. Nur wenige geben an, dass sie mithilfe des Vaters auch »abseits der Straße« ihre Kenntnisse und Fertigkeiten verbessert hätten. Erst ab Jahrgang 1956 nennen die Frauen neben der Fahrschule Verkehrsübungsplätze als Orte ihrer Fahrversuche und den Erwerb des Führerscheins im Ausland. Der Freund als Assistent erster Fahrübungen taucht erst in noch jüngeren Geburtsjahrgängen auf. Die Mutter oder eine weibliche Verwandte als Helferin bei den ersten Fahrversuchen sind Ausnahmen.

Emsig wurde für Führerschein und das erste Auto gespart: Großeltern, Paten und die Eltern unterstützten finanziell, denn mit den eigenen Ersparnissen war die Anschaffung häufig nicht zu stemmen. Manchmal war es eine Flucht aus der Enge der Elternhäuser, die zu ausgedehnten Fahrten am Wochenende führte. Unabhängigkeit, Freiheit und die Tatsache, nicht auf andere angewiesen zu sein, waren für die Frauen dieser Geburtsjahrgänge Triebfedern des Führerscheinerwerbs. Erst ab dem Geburtsjahrgang 1966 verweisen die Frauen auf berufliche Gründe für ihre individuelle automobile Beweglichkeit.

Bis zum Geburtsjahrgang 1975 kommentieren die befragten Frauen die Fotos aus den Familienalben, die sie mit ihrem ersten eigenen Auto zeigen, mit vielen Emotionen: Mit dem eigenen VW Käfer wurden Fahrten zur Arbeitsstelle im Schichtdienst möglich, im roten Kadett City ging es in den ersten eigenen Urlaub nach Italien. Erinnert werden die selbst genähten Sitzbezüge in Leopardenfell-Optik im gelben Kadett und Umzüge ins eigene Familienheim, die komplett mit einem Fiat 500 bewerkstelligt wurden. Mit manchem Schmunzeln schauen die Frauen zurück auf diese Zeit. Ihre damaligen Autos empfinden sie als Skulpturen ihrer Realität gewordenen Sehnsüchte: der Wochenendausflug, die Fahrt zu schönen, unbekannten Zielen.

Ein Blick auf eine Ausnahmefahrerin in der ehemaligen DDR: Die 1941 geborene Rosina Mock hatte 1961 zwar schon

Der Volkswagen Konzern wirbt 1959 mit einer Frau am Steuer. Auch im Westen bedeutet der Besitz eines eigenen Autos für Frauen Unabhängigkeit.

Neuzulassungen von Personenkraftwagen im Jahr 2015 nach Farben sowie nach Geschlecht der Halter in Prozent

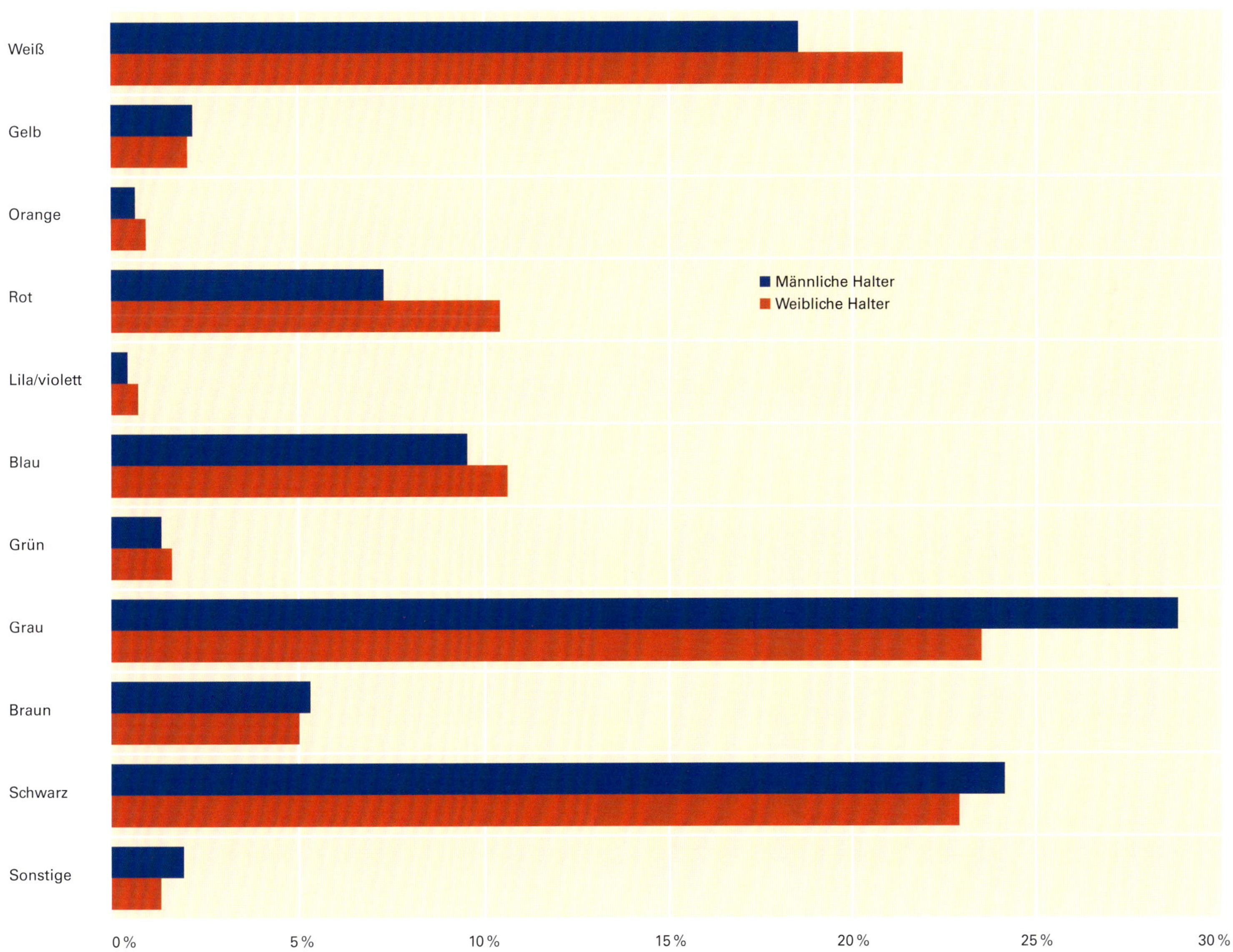

Quelle: Kraftfahrt-Bundesamt, Neuzulassungen im Jahr 2015 nach Farben, Flensburg 2016 (siehe www.kba.de/DE/Statistik/Fahrzeuge/Neuzulassungen/Farbe/farbe_node.html).

einen Führerschein, aber kein eigenes Auto und verfügte über entsprechend wenig Fahrpraxis. Sie erinnert: »Der F9 hatte für mich die Bedeutung von Freiheit, Unabhängigkeit und ein Stück weit Prestige. Auch die Tatsache, in diesem Alter (20) bereits den Führerschein zu besitzen, erfüllte mich sehr mit Stolz. Da das Fahrzeug von einem Bekannten gebraucht gekauft war, entfielen für uns die in der DDR üblicherweise langen Wartezeiten auf einen Neuwagen.«

Nicht mehr als Initiationsritus des Erwachsenseins und der Emanzipation wird ab etwa Geburtsjahrgang 1981 der Führerscheinerwerb gesehen. Teilweise führen Befragte sogar Gruppenzwang als Motiv für ihren Führerscheinerwerb an: »Mit 18 Jahren muss man den Führerschein machen.« Nur eine Minderheit nennt die Tatsache, dass sie auf dem Land wohnen, als entscheidendes Motiv.

RITUALE AUTOMOBILER SINNLICHKEIT UND FÜRSORGLICHKEIT

Auch in der Vorbereitung eines Autokaufs konnten wir geschlechtsspezifische Unterschiede aufzeigen: Männer verwenden in aller Regel (selbstverständlich gibt es Ausnahmen!) mehr Zeit im Vorfeld eines anstehenden Autokaufs als Frauen und nutzen mehr Medien, um Informationen zu sammeln. Bis zu zwei Jahre vor einem anstehenden Autokauf fangen einzelne Männer an, die Internetseiten der Hersteller zu besuchen, unter Einsatz von Car-Konfiguratoren ihre Traumautos zu konstruieren und abschließend finanzierbare Favoriten zu selektieren. Die von Händlern bereitgestellten Informationsangebote, sogenannte unabhängige Seiten mit automobilspezifischem Inhalt, insbesondere die diversen Gebrauchtwagen-Plattformen, gehören fest in das Vorbereitungsrepertoire der Männer. Gleiches gilt für das Lesen der Testergebnisse in einschlägigen Auto- und Motorsport-Zeitschriften sowie die Informationen aus einschlägigen TV-Formaten. Männer sammeln zur Kaufvorbereitung systematischer als Frauen Printmedien, die in den Autohäusern vorgehalten werden. So kann es passieren, dass circa ein halbes Jahr vor dem Kauf der Mann als Autokäufer seinen »relevant set« von beispielsweise drei Modellen unterschiedlicher Hersteller bestimmt hat. Er sucht dann etwa ein halbes Jahr vor dem Kauf Autohäuser auf, um mit dem Verkaufspersonal »auf Augenhöhe« Informationen auszutauschen, Probefahrten durchzuführen und, vor allem, um einen guten Deal zu machen: Die maximal erreichbaren Rabatt-Prozente, der kostenlose Satz Sommerreifen sowie die als freundliche Beigabe hinzugelegten Fußmatten sind wichtige Trophäen seines erfolgreichen Kaufs.

Die Autokäuferin hat in aller Regel eine andere, jedoch ebenfalls effiziente Strategie, den anstehenden Autokauf vorzubereiten: Statistisch signifikant häufiger als der Mann als Autokäufer nutzt sie Informationen von Familienmitgliedern, Freunden und Bekannten. Das ist eine sinnvolle Strategie, denn Frauen verwenden weniger Zeit auf die Vorbereitung eines Autokaufs als Männer. Warum also nicht deren Wissen

»Männer wünschen sich eine Frau, mit der man Pferde stehlen kann. Frauen wünschen sich einen Mann, mit dem man sich ein Auto kaufen kann.«

Anna Magnani, italienische Schauspielerin

anzapfen und damit Zeit sparen? Da Frauen als Kundinnen im Autohaus zumeist noch nicht auf spezielle Modelle festgelegt sind, sondern aus ihren Nutzungswünschen heraus argumentieren, laufen diese Gespräche mit dem Verkaufspersonal geschlechtsspezifisch unterschiedlich ab. Sie erkundigt sich nach Stauraum, Befestigungsmöglichkeiten im Kofferraum und sorgt sich, ob ältere Familienangehörige den Einstieg in den niedrig liegenden Sitz bewerkstelligen können. Ihre Fragen spiegeln wider, dass Frauen zwar in der Regel eine niedrigere Jahres-Kilometerleistung im Auto aufweisen als Männer, jedoch täglich mehr Fahrten absolvieren. Dies ergibt sich durch häufige sogenannte Care-Fahrten zur Versorgung von Kindern, Haushalt, weiteren Familienangehörigen und im Kontakt mit Freunden.

Zu diesen geschlechtsspezifischen Unterschieden gehört ebenfalls, dass Frauen, ob als Käuferinnen oder in Begleitung

▲

Von Frauen für Frauen: Der Volvo YCC wird von einem rein weiblichen Design-Team entwickelt und 2004 als Konzeptfahrzeug vorgestellt. Türen und Heckklappe öffnen sich auf Knopfdruck von selbst, sodass der Wagen sich leicht beladen lässt.

▼

Auch von innen durchdacht: Die Sitzflächen können jederzeit problemlos entfernt werden, um farbliche Variationen zu ermöglichen. Die Rücksitze lassen sich hochklappen, um große Einkaufstaschen zu verstauen, ohne die Heckklappe zu öffnen.

eines Manns, der einen Autokauf vorbereitet, häufig den Materialien und Farbgebungen des Innenraums und Exterieurs mehr Aufmerksamkeit schenken als Männer. Frauen sind mutiger in ihrer Farbwahl, beispielsweise auch bei den Sitzbezügen, während Männer das Argument »Wiederverkaufswert« einbringen, wenn sie eine helle Farbe für die Sitzbezüge favorisieren.

Frauen fühlen gern mit ihrer Handinnenfläche über Sitzbezüge, oft unbewusst neben der Analyse von Materialien und Farben ein haptisches Erlebnis suchend. Dieses Tasten und Streichen über Bezugsstoffe sieht man bei Männern im Autohaus selten. Für sie gehört hingegen zum Autokauf, dass die Motorhaube geöffnet wird und sie zusammen mit dem Verkaufspersonal die Abdeckungen betrachten. Es ist im Vergleich zu früher kaum noch etwas von Motor, Keilriemen etc. zu erkennen, aber eine Inspektion unter der Motorhaube gehört für ihn zum unverzichtbaren Ritual.

Männer aus den Geburtsjahrgängen 1935 bis etwa 1985 drücken oftmals über ihre Beratung zur Pkw-Wahl ihrer Partnerin ihre Fürsorglichkeit aus. Sie breiten ihr Wissen aus und empfehlen: »Das ist doch auch ein schönes Auto – für eine Frau!« Oftmals ist es dann ein Klein- oder Kleinstwagen. Dabei kann es passieren, dass die gut gemeinte Empfehlung ihre Wirkung verfehlt. Das passiert, wenn die Beratene davon träumt, einen größeren, schnittigeren und vor allem schnelleren Wagen zu kaufen, weil sie es sich leisten kann. Ungewollt kann in diesem Fall Fürsorglichkeit in eine Dissonanz umschlagen, wenn die Schwingung geschlechtsspezifischer Zuordnungen in den Automobil-Wünschen wenig stimmig ist.

Es gibt auch den umgekehrten Fall, in dem die liebevoll gemeinte Fürsorglichkeit des Manns nicht die Wirkung erzielt, die er sich erhofft hat: In finanziell gut gestellten Kreisen gibt es die Option, die Partnerin zu einem besonderen Jubeltag, etwa zum 50. Geburtstag oder zur Silberhochzeit, mit einem Pkw zu überraschen. Dabei leben sich – so berichten erfahrene Autoverkäufer – die Männer in Auswahl und Ausstattung eines Traumautos für ihre Partnerin aus. Schnell ist dann dieses Gefährt so groß, schnell oder üppig ausgestattet, dass es die Beschenkte überfordert.

EINBLICK: SPIEGEL DER LEBENSPHASEN

Das von einer Frau gefahrene Fahrzeug spiegelt häufig die jeweilige Lebensphase wider: Junge, beruflich erfolgreiche Frauen bis Ende 30 mögen schnelle, sportliche Fahrzeuge und unterscheiden sich in ihren Präferenzen wenig von gleichaltrigen Männern, die ebenfalls noch keine Familie gegründet haben. Mit der Familiengründung wird der Roadster in aller Regel abgeschafft, und sogar die jungen Väter konstatieren, dass sie jetzt vorsichtiger fahren. Kombis und Vans waren in der Vergangenheit beliebte Familienkutschen für »Soccer Moms«: Mütter, die ihre Kinder zum Sport, zum Musikunterricht und weiteren Freizeitaktivitäten fahren, zu denen sie häufig Freunde der Kinder mitnehmen und Stauraum im Kofferraum benötigen. Inzwischen hat die immer größer werdende SUV-Palette auch in den Präferenzen der Fahrerinnen hinzugewonnen und löst den klassischen Kombi als Mama-Auto ab. Wenn die Kinder erwachsen und aus dem Haus sind, schaffen die Fahrerinnen gern ein kleineres, schnittiges Fahrzeug, das sogenannte me-car, an. Denn nach der Familienphase genießen die Frauen, ein Auto nach ihren Design-Präferenzen kaufen beziehungsweise fahren zu können.

Heute ist es gar nicht mehr so selten, dass Abiturientinnen und Abiturienten zum Schulabschluss von den Eltern ein erstes Fahrzeug als Geschenk erhalten. Der steigende Anteil derjenigen, die in der entsprechenden Alterskohorte ein Studium aufnehmen (2013 mehr als 50 Prozent) konterkariert wiederum den eigenen Pkw-Besitz. Denn er befördert die Urbanisierung und auch die Nutzung des öffentlichen Personennahverkehrs (ÖPNV), wenn Semestertickets zur Verfügung stehen.

In der umfassendsten quantitativen Einzelanalyse geschlechtsspezifischer Unterschiede, die ab dem Jahr 2005 mit inzwischen weit mehr als 4000 befragten Autofahrerinnen und Autofahrern im Kompetenzzentrum Frau und Auto durchgeführt wurde, zeigen sich in der Wichtigkeit von Merkmalen eines Autos viele Gemeinsamkeiten zwischen Männern und Frauen: Die Eigenschaft »günstig im Verbrauch« ist für deutlich über 90 Prozent der Befragten »sehr wichtig« respektive »wichtig«. Auch wenn der Ausschlag in der Nennung durch die Frauen noch etwas höher ist, gibt es keinen signifikanten geschlechtsspezifischen Unterschied. Eine Ausnahme fördert jedoch eine altersspezifische Betrachtung zutage: In der Altersgruppe ab 56 Jahren liegt für die Frauen der »objektive Sicher-

Wichtige Eigenschaften des nächsten Autos
Befragungen 2005 und 2010 – Vergleich: Frauen/Männer

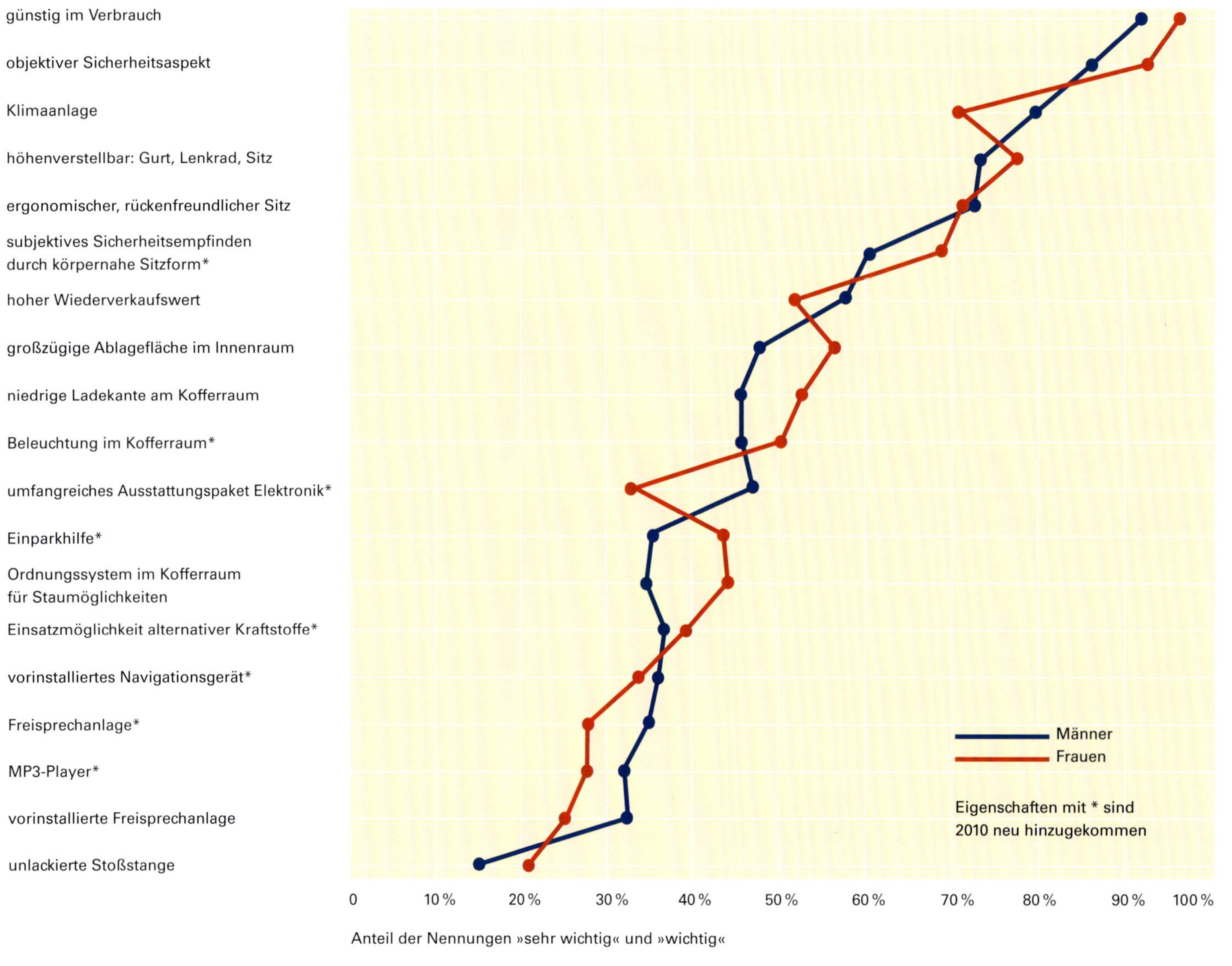

Quelle: Laufner, Wolfgang/Kortus-Schultes, Doris, *Frau und Auto. Ergebnisse empirischer Untersuchungen aus 2005 und 2010*. Göttingen 2012, S. 37.

heitsaspekt« auf gleichem Niveau wie das Merkmal »günstig im Verbrauch«, für die Männer steht der »Sicherheitsaspekt« vor dem »günstigen Verbrauch« sogar auf Platz 1. Eine interessante altersspezifische Betrachtung erlaubt außerdem das Ergebnis, dass der »objektive Sicherheitsaspekt« bis auf die zuvor erwähnten Ausnahmen mit Anteilswerten von über 90 Prozent auf Platz 2 liegt. Lediglich die jüngeren Männer in der Altersklasse unter 35 Jahren, für die »Sicherheit« mit nur 79 Prozent den zweiten Platz darstellt, bilden eine Ausnahme.

Erst nach diesen beiden Hauptkriterien im Ranking der Wichtigkeit von Merkmalen eines Autos kommen geschlechtsspezifische Unterschiede zum Tragen: In der Hitliste der Frauen belegen ab Rang 3 der ergonomische, rückenfreundliche Sitz, die Höhenverstellbarkeit von Gurt, Lenkrad und Sitz, das subjektive Sicherheitsempfinden durch körpernahe Sitzform, die großzügige Ablagefläche im Innenraum, die niedrige Ladekante am Kofferraum, die Beleuchtung im Kofferraum, ein Ordnungssystem im Kofferraum sowie die Einparkhilfe die nächsten Prioritäten in der genannten Reihenfolge.

Weitergehende statistische Analysen des Datenfundus decken auf, dass digitale und elektronische Zusatzausstattung für Männer wichtiger ist als für Frauen. Je jünger die Personen sind, umso bedeutender ist dieser Faktor. Der Aspekt »Auto als Transportmedium« ist für Frauen wichtiger als für Männer, je älter die Personen sind, desto essenzieller ist er. Auch das Sicherheitsempfinden durch eine körpernahe Sitzposition ist für Frauen maßgeblicher. Wiederum gilt: Je älter die Personen sind, desto wichtiger ist diese Eigenschaft.

In der Betrachtung der Wünsche an das äußere Design, die Farbe und die Innenausstattung zeigen sich weitere geschlechts- und altersspezifische Unterschiede. Für Männer ist die Größe eines Autos deutlich wichtiger als für Frauen. Für Männer sind auch eine hohe PS-Zahl sowie die Möglichkeit, schnell zu fahren, relevanter als für Frauen. Aber Achtung! Für junge Frauen und Männer sind eine hohe PS-Zahl sowie die Möglichkeit, schnell zu fahren, von größerer Bedeutung als für Ältere. Eine Untersuchung zur Form und zum äußeren Design des »Wunschautos« legt offen, dass diese beiden Merkmale für über 80 Prozent der befragten Frauen und Männer (sehr) wichtig sind; eine Zeitreihenbetrachtung offenbart, dass sie für die Frauen im Zeitverlauf relevanter geworden sind. In der Analyse von Begriffspaaren zum Design zeigen sich sogar einige statistisch signifikante Unterschiede zwischen Frauen und Männern. Am größten ist der Unterschied für »rund versus kantig«: Frauen bevorzugen deutlich häufiger ein »rundes« Design als Männer. Dies gilt, allerdings etwas schwächer, auch für »schlichtes« und »unauffälliges« Design. Männer bevorzugen etwas häufiger ein »sportliches« Design.

Im Vergleich der Farbpräferenzen von Frauen und Männern fällt auf, dass Frauen häufiger die Farbe Rot favorisieren. Männer bevorzugen dagegen häufiger Schwarz und Weiß. Die Farbvorlieben sind zum Teil stark altersabhängig: Je jünger die Befragten, umso häufiger wird Schwarz als favorisierte Farbe genannt, von Männern noch häufiger als von Frauen. Für die Lackfarbe Silbermetallic ist es genau umgekehrt: Je älter die Befragten sind, umso häufiger bevorzugen sie diese

◂
Für viele Mütter ist das Auto unverzichtbares Transportmittel, um ihre Kinder in den Kindergarten, zur Schule oder zum Sportverein zu kutschieren. Die Amerikaner haben dafür den Begriff »Soccer Mom« kreiert.

Farbe. Auch dieses Phänomen gilt ausgeprägter für Männer als für Frauen.

In der bereits zuvor zitierten qualitativen Studie *Weibliche Auto-Kultur: Rückblick, Einblick und Ausblick* konstatieren vier von zehn Frauen, dass ihr jetziges Auto Auswirkungen auf ihre Souveränität und ihr Selbstbewusstsein habe. Etwa jede sechste Frau äußert, dass das Auto ein Statussymbol sei, dessen Image sich übertrage. Auch Aspekte wie »Sichern der Pünktlichkeit« und »Mobilität« werden als angenehme Auswirkungen eines Pkw-Besitzes angeführt. Auf die Frage, wann ihr Auto heute Glück für sie bedeutet, kommen aus dem Kreis der in dieser Studie interviewten Frauen folgende Angaben: mobil sein/sich frei bewegen können; Zuverlässigkeit des Autos: wenn es fährt; Auto bei Regen und Dunkelheit vorhanden; schnell fahren; Freizeit: mit Freunden etwas unternehmen; Urlaub. Hingegen bedeutet das Auto Stress für die befragten Frauen, wenn zutrifft: im Stau stehen; das Auto kaputt ist.

KÄFIG VIELFÄLTIGER ANFORDERUNGEN: VALUE OF TIME

Berufstätige Frauen, vor allem Mütter mit Kindern unter zwölf Jahren, bewältigen heute ihren Alltag in der Regel »doppelt mobil«: Sie nutzen täglich Verkehrsmittel wie ihren eigenen Pkw, ihr Fahrrad oder den ÖPNV, um beruflich und privat bedingte Wege hinter sich zu bringen. Gleichzeitig sind sie mit ihrem Umfeld über Smartphones und weitere Mobilgeräte vernetzt. Dieses doppelte Anforderungsmuster trägt mit dazu bei, dass die romantischen Gefühle, die in den 1970er und 1980er Jahren das eigene Fahrzeug zu erzeugen vermochte, sich heute für Frauen in eine oftmals als stressig empfundenen Hetze verwandelt haben. Sie verlangen eine zeiteffiziente Mobilität. Die regelmäßigen Mobilitätserfordernisse, wie Wegezeiten vom Wohnort zum Kindergarten und/oder zur Schule, dann zum Arbeitsort und zurück, gegebenenfalls unter Einbindung von Einkäufen, Arzt- und Ämterbesuchen, beeinflussen den Zeitstress. Denn die Mobilität von Müttern mit Kindern unter zwölf Jahren betrifft nicht nur ihre individuelle automobile Mobilität, sondern auch ihre Begleitmobilität im Rahmen der Kinderbetreuung und -versorgung, einschließlich ihrer kommunikativen Vernetzung mit dem beruflichen und privaten Umfeld. Sie wünschen sich optimiertes Zeitmanage-

◄ Unterschiedliche Erwartungen von Mann und Frau an das Auto inspirieren nach wie vor Karikaturisten.

ment in Form von Apps mit Echtzeit-Informationen zu Staus, Abfahrtzeiten des ÖPNV, Öffnungszeiten der Ämter und Arztpraxen sowie mit integrierten To-do-Listen, die entsprechend der zur Verfügung stehenden Entfernungs- und Zeitfenster automatisch sortiert werden. Ein »always on«-Takt lässt vor allem junge Nutzer überhaupt nicht darüber nachdenken, in welchem Umfang derzeit die Automobil- mit weiteren Technologiebranchen zusammenwächst.

Vor allem die 25- bis 45-Jährigen befinden sich in der sogenannten Rushhour der Lebensentscheidungen, denn es fallen wichtige Entscheidungen zum beruflichen Weg, zur Partnerwahl und häufig auch zur Familiengründung. Als »Rushhour« im Familienzyklus wird die Familienphase mit Kindern unter zwölf Jahren bezeichnet. In dieser Phase sind Eltern durch die Kombination von Beruf und Familie einer sehr hohen Arbeitsbelastung ausgesetzt, die häufig mit wenig Freizeit einhergeht. Addiert man die beruflichen Arbeitsstunden zusammen mit der Zeit, die für Haushalt und die Kinderfürsorge aufgewandt wird, beträgt die wöchentliche Arbeitszeit der Eltern Statistiken zufolge im Durchschnitt etwa 57 Stunden. Es ist also verlockend, die Zeit während einer Autofahrt nicht ausschließlich für die Tätigkeit des Steuerns zu verwenden, sondern in diesem Zeitfenster auch Berufliches oder Privates zu organisieren, Sport zu treiben, zu entspannen und die Umgebung mithilfe von standortbezogenen Informationen in ihren Besonderheiten zu erkunden. Die Wünsche von Studienteilnehmern in mehreren Untersuchungen des Kompetenzzentrums Frau und Auto zum Thema autonomes Fahren fokussieren Apps, die als persönliche Assistenten Termine verwalten, Einkaufslisten erstellen und dafür sorgen, dass das Auto dann auch zu den gewünschten Adressen fährt. Bedienbar sollen diese Organizer über einen in die Windschutzscheibe integrierten Bildschirm sein, so kann die Nutzerin beim Fahren oder Überwachen des selbstfahrenden Autos ihre Termine koordinieren oder Einkäufe vorbereiten.

Mobilität bedeutet heute eine Optimierung des individuell interpretierten »value of time«, in dem sich ein Auto als rollende Kommandozentrale entpuppt.

►
Ruth Schumacher mit ihrem VW Karmann Ghia Modell 14, Baujahr 1972.

FREUDE VON FAHRERINNEN AN IHREN OLDTIMERN

Stimmt der Eindruck, häufiger Männer als Frauen hinter dem Steuer klassischer Fahrzeuge zu sehen? Interessieren sich tatsächlich deutlich weniger Frauen als Männer für Oldtimer-Fahrzeuge? Und wenn es sie dann doch als Fahrerinnen und/oder Besitzerinnen klassischer Fahrzeuge gibt, was macht für sie die Leidenschaft für ihre Oldtimer aus? Unter anderem diese Fragen untersuchte Nicholas Dondorf in seiner Diplomarbeit *Fahrerinnen klassischer Fahrzeuge*.

Vor allem ist es die Einzigartigkeit ihrer Modelle, die Fahrerinnen begeistert und die sich in der Formensprache, den edlen Materialien, den Gerüchen und den röhrenden Motorgeräuschen ausdrückt. Manche der interviewten Oldtimer-Fahrerinnen sehen in ihren Klassikern regelrechte Kunstwerke, die als technische Skulpturen im öffentlichen Raum alle Blicke auf sich ziehen. Hinzu kommt die Freude, sich in der Bewunderung anderer für das gefahrene Fahrzeug spiegeln zu können und Gelassenheit zu spüren beim Fahren eines Automobils, das die Zeit überdauert hat. »Menschen, die Oldtimer sehen, haben immer ein Lächeln im Gesicht«, so eine Fahrerin, weshalb ihr Uralt-Käfer ein erhebliches »Flirtpotenzial« besitze. Die geschwungenen Formen historischer Fahrzeuge, ihr Flair und ihre Seltenheit faszinieren.

Ganz stilecht liebt es Ruth Schumacher: Beim Fahren ihres Karmann Ghia, Baujahr 1972, trägt sie meist einen Petticoat unter dem Tupfenkleid, kurbelt die Scheibe herunter und empfindet das Hören von Oldiemusik als Genuss für alle Sinne. Klassiker fahren sei »Autofahren pur«, stellt sie fest. Ihre Begeisterung für klassische Fahrzeuge umschreibt sie wie folgt: »Natürlich machen die besonderen Formen und das Design den Charakter alter Fahrzeuge aus. Autos von damals hatten noch ein Gesicht. Die Modelle von heute sehen alle eher gleich aus. [...] Besonders faszinieren mich bei Oldtimern aber die Nostalgie und die Geschichte der entsprechenden Fahrzeuge. [...] wenn es um die wirkliche Leidenschaft für klassische Fahrzeuge geht, sind die Frauen gleichauf beziehungsweise manchmal sogar ein wenig vorne. Bei Männern müssen Fahrzeuge häufig schnell, kraftvoll und teuer sein, wobei Damen meist auf die Eleganz der Fahrzeuge schauen.«

Zu ihrer Leidenschaft für klassische Fahrzeuge nimmt Jeannette Peters folgendermaßen Stellung: »Hier spielt sicherlich eine große Rolle, dass die Fahrzeuge von früher nicht wie die Modelle von heute elektronisch geregelt sind. Man hat noch die Möglichkeit, die Kraft dieser Automobile mit einfachen Mitteln ›auf die Straße zu bringen‹. Ich nenne es das ›pure Autofahren‹. Hier spielt nicht unbedingt die Endgeschwindigkeit des Fahrzeugs die größte Rolle, sondern was man aus den alten Fahrzeugen herausholen kann.

Die Geschichte der Fahrzeuge ist für mich ebenfalls sehr wichtig. Ich will wissen, was ich fahre und wer es vor mir gefahren hat. Dazu gehört die Modellgeschichte sowie die technische Entwicklung des Modells. Ein zweitrangiger Aspekt ist hier die Wirkung auf andere Menschen. Mit meinem Fahrzeug – alt oder neu – zu protzen, liegt mir fern. Was mich im-

Jeannette Peters
mit ihrem MG Midget Mk. II,
Baujahr 1966.

mer sehr freut, ist […], den kleinen wie den großen Menschen ein Lachen ins Gesicht zu zaubern.«

Eine der gefährlichsten und berühmtesten Oldtimer-Rallyes der Welt ist die Carrera Panamericana in Mexiko. Das Autorennen war von 1950 bis 1954 eine bekannte Adresse für Rennfahrer aus aller Welt, wurde aufgrund vieler Todesfälle allerdings nur bis 1954 veranstaltet. 1988 entschlossen sich die Veranstalter, die gefährliche Rennstrecke als Oldtimer-Rallye über mehrere Tagesetappen wiederzubeleben. Die Vermutung liegt nahe, dass dieses gefährliche Abenteuer nur von Männern gewagt wird. Doch weit gefehlt! Seit einigen Jahren ist die selbstständige Geschäftsfrau Elke Middeldorp aus Berlin mit ihrem roten Porsche 911 E unter den Startenden zu finden. Sie ist innerhalb von fünf Jahren viermal angetreten. Dabei hat sie sich dreimal platzieren können, in einem Jahr wurde sie auf der Strecke durch einen Überschlag gestoppt.

Frau Middeldorp erklärt ihre Leidenschaft wie folgt: »Ich war schon immer von Automobilen begeistert. Bereits in meiner Kindheit sah ich häufig in Stuttgart die Porsche 356 als Polizeiautos. […] Mein Vater war allerdings nicht sonderlich autobegeistert. Als ich mit 21 Jahren die Rennlizenz erwerben wollte, war er dagegen. So musste ich heimlich fahren, um an Rennen teilnehmen zu können. Die Leidenschaft für klassische Automobile habe ich durch einen Freund entdeckt. Er fuhr in den 1980er Jahren einen alten Ford aus den USA. Die Wirkung des Autos auf andere Menschen faszinierte mich. Die Leute lachten und winkten uns zu. Mitte der 1980er Jahre erwarb ich dann eigene Oldtimer. Zusammenfassend kann man sagen, dass die Begeisterung von alleine kam. Sie war einfach da.

Es ist die Kraft der Fahrzeuge mit einfacher Technik, die mich begeistert. Sie sind in der Bedienung und den Fahreigenschaften eigenwillig. Zudem sind diese Fahrzeuge durch ihr besonderes Design und ihre Form einfach Kunst. Natürlich fasziniert auch die Geschichte der Fahrzeuge. Während der Rallyes ist man auf sich alleine gestellt. Hierfür muss ›frau‹ ihren Wagen sehr gut kennen. Diese Fähigkeit habe ich mir mit der Zeit selber angeeignet.

Leider sind im Bereich der klassischen Fahrzeuge nicht sehr viele Frauen vertreten. Als ich mit dem Rallyefahren begann, waren wir noch das einzige Damenteam unter vielen Männern. […] Nachdem ich den Männern meine fahrerische Kompetenz bewiesen hatte, wurde ich akzeptiert und genieße jetzt Respekt. Mittlerweile ist daraus eine Freundschaft entstanden. In dieser Szene muss sich jeder erst einmal beweisen, um akzeptiert zu werden, dies gilt allerdings auch für Männer.«

Elke Middeldorp
mit ihrem
Porsche 911 E.

BLICK PUNKT

RAINER SCHÖNHAMMER

Frauen in der Autowerbung

Michelin-Plakat aus dem Jahr 1905: Der französische Reifenhersteller rückt weibliche Körper in den Fokus der Reklame.

Mondiale de l'Automobile: Beim Pariser Autosalon wirbt 1955 ein Model für den Simca Aronde.

Automobile, Werbung, Frauen – das riecht nach problematischen Geschlechterrollen oder gar Sexismus. Tatsächlich kristallisieren am Auto Ungleichheiten von Frau und Mann markant aus. Blickt man auf die Geschichte der Automobilwerbung von den Anfängen bis heute, stößt man, so viel sei vorweggenommen, allerdings keineswegs durchgängig auf Szenen weiblicher Unterordnung oder Verfügbarkeit. Kein Zweifel: Nackte Frauenhaut hat in der Autowerbung eine gewisse Tradition. In der Frühzeit dienten spärlich umhüllte Schönheiten oft vom Jugendstil inspirierten Künstlern, die Plakate für Automobilausstellungen entwarfen, als erotischer Blickfang. Solche Malereien – übrigens eher eine französische Spezialität – trennt einiges von der realen Fleischbeschau, mit der man auf Automobilmessen seit der zweiten Hälfte des 20. Jahrhunderts immer wieder mal das Publikum beglückt.

Männerfantasien

Die ätherische weibliche Begleitung war dem Automobil von der Werbung für Fahrräder zugeflogen. Sie beflügelte auch die Luftreifen der Firma Michelin. In Inseraten von Pneu-Produzenten sind später handfestere Reizdarbietungen heimisch geworden. Zusammen mit der Werbung für sonstiges Autozubehör illustrieren sie geradezu prototypisch Sexismus in der Werbung. Der Hang zum Pin-up rührt hauptsächlich von der Einschätzung der Zielgruppe her: Werbung für Materialien (»Tuning«), die aggressives Fahren ermöglichen und verkörpern, appelliert an Männer, denen die plakative Suggestion eines Beuteweibchens nicht sogleich Schamesröte ins Gesicht treibt.

Zu männlichen Wunschbildern von Kraft- und Machtgewinn durch Autos gehört, wie es scheint, eine innere Neigung zu Fantasien umfassender, auch sexueller, viriler Potenz. Mithin ein gewisser Appetit auf Bilder, die die Puppen tanzen lassen. Den ungebrochen zu bedienen, hat sich Automobilwerbung indessen seit je gescheut. Abgesehen von Konventionen des Anstands, denen sich auch viele männliche Interessenten zumal der gebildeteren Stände verpflichtet wissen, dürfte vor allem

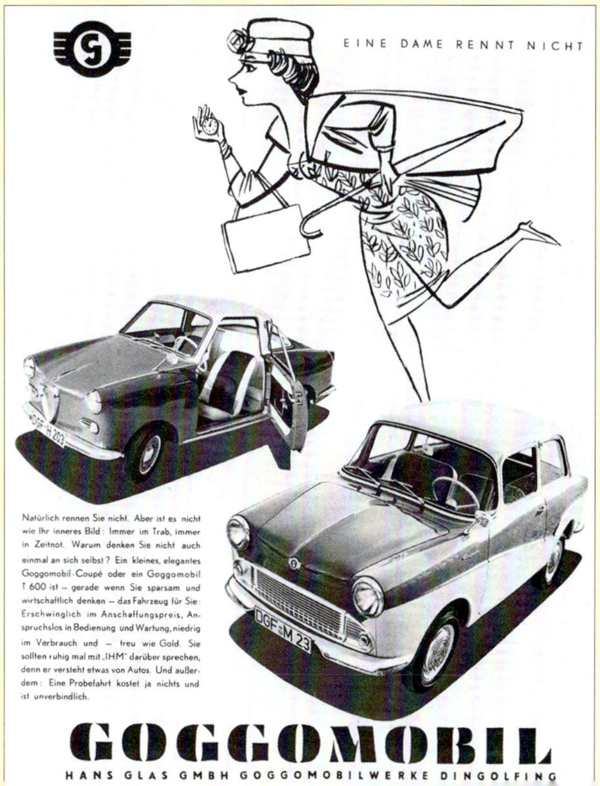

Die Goggomobil-Werbung erscheint 1955 in *Constanze Sommermode*. Sie propagiert den kleinen, sparsamen Wagen als wichtiges Accessoire für Damen.

»Ein Wagen, der gut aussieht und – in dem man gut aussieht«: Opel setzt 1959 auf Ästhetik und Komfort.

ein eher pragmatischer Gesichtspunkt dafür verantwortlich sein. Beim Automobilkauf reden die Partnerinnen ja mit. Und ein männlicher Single positioniert sich mit dem Markenbild des Fahrzeugs, für das er sich entscheidet, gegenüber potenziellen Partnerinnen. Die aber reagieren angesichts plumper Inszenierungen weiblicher Gefügigkeit, wie man sich denken kann, eher zugeknöpft. Ausnahmen bestätigen die Regel: etwa manches Inserat für den in Sachen Geschlechterrollen legendären Opel Manta.

Aura des Mondänen

Zu Zeiten des Kaiserreichs und in der Weimarer Republik lagen proletarische Halbstarke noch jenseits des Horizonts der Automobilwerbung. Nach schlichten Abbildungen der Fahrzeuge machten sich da Szenen aus dem Leben der höheren Stände breit. An die – und nur die – richtete sich die Werbung. Das Automobil als standesgemäßer Ersatz für Reiten und Pferdewagen: Herren, Damen, Luxus. Die Eleganz von Kleidung und Habitus ist kaum zu überbieten. Es herrscht eine Atmosphäre von Gelassenheit, die sich dem Reichtum verdankt. Zur luftigleichten Anmutung trägt bei, dass es sich um – oft dezent kolorierte – Zeichnungen handelt, in denen die Menschen eher stilisiert, skizzenhaft aufscheinen. Den stärker detaillierten, handfest gezeichneten Fahrzeugen verliehen die Grafiker so eine Aura des Mondänen.

Wer Anhaltspunkte für problematische Geschlechterrollen sucht, mag verbuchen, dass die anmutigen Damen lediglich als Beigabe zum Luxusprodukt figurieren. Die feinsinnige Ästhetisierung spricht indessen dafür, dass weibliche Eleganz hier nicht nur als »Accessoire für den Herren« abgebildet werden sollte. Umgekehrt: Den Damen wird ein Schmuckstück präsentiert. Das Automobil kommt nicht als erhabene Kraftmaschine, sondern als schönes, zum Lebensstil passendes Objekt daher. Lust am Spiel mit den mechanischen Pferdestärken inklusive: Die Dame am Steuer, die lässig eine flotte Fahrt ins Werk setzt, fehlt nicht in den Annoncen der 1920er Jahre.

Im aufblühenden »Wirtschaftswunder« der 1950 und 1960er Jahre versuchten die Automobilhersteller, den weltläufigen Appeal unter veränderten sozialen Umständen neu aufzulegen. Das Auto musste nun nicht mehr darum buhlen, gehobenen Lebensstil verkörpern zu dürfen. Es war jetzt Statussymbol und weckte als solches männliche wie weibliche Begehrlichkeit. Die Werbung tat mit bescheideneren Produkten für vergleichsweise kleinere Leute nach Kräften groß(bürgerlich). Das freie, leichte Flair der Vorbilder leidet. Die Damen und Herren geraten ein wenig bieder. Der Realismus der bunten Fotos, die gezeichnete Szenen nun ergänzen und schließlich ersetzen, trägt dazu bei.

Porsche wirbt in den 1970er Jahren mit weiblichen Reizen.

Weibliche Souveränität

Erwähnung verdient, dass Frauen – auch da, wo sie als potenzielle Fahrerinnen auftreten – regelmäßig vor oder neben dem Wagen stehen. Sie dürfen mit Chic ihre körperliche Souveränität wahren. In Anzeigen, die sich ausdrücklich an Frauen wenden, sind Autos nicht selten maßstäblich auf Spielzeug- und Schmuckstückgröße reduziert. Oder die Frauen steigen realen Autos aufs Dach. Topoi, die sich hielten.
Frauen dürfen sich sogar Sorgen machen: ums Geld, um Leib und Leben, um die familiäre Harmonie. Vans etwa versprechen Frauen seit den 1980er Jahren heiter-fügsamen Nachwuchs auf längeren Strecken. Kosten für Anschaffung und Unterhalt werden seit den 1950ern gerade bei Fahrzeugen, die alleinstehende Frauen sich leisten können, zum Thema.
Ausgerechnet beim Thema Sicherheit hat die Werbung seit den 1970er Jahren Frauen schon mal entblößt. Volvo unterstrich die existenzielle Bedeutung seiner Gurtsysteme mit dem nackten Oberkörper einer jungen Frau, die Arme vor den Brüsten gekreuzt. Citroën zeigte in den 1990ern eine unbekleidete Schwangere als Metapher für den Schutz, den der Wagen biete. Für den eingeplanten Ernstfall stehen Crashtest-Puppen. Damit Unfälle nicht allzu präsent werden, sind spaßige Bildideen angesagt: Kämpft beispielsweise ein Dummy à la Marilyn Monroe kokett mit dem von einem Gebläse gelupften Röckchen (VW, 1995), hat die Werbung gar die Kurve vom körperlichen Schaden zur Erotik genommen.
Als Anfang der 1990er Jahre der Beifahrer-Airbag kam, sprach man das als Geschenk für die Frauen an, setzte in der Werbung – emanzipationsbeflissen – aber auch mal einen Mann auf den Beifahrersitz, dort findet er sich seither immer wieder mal. Ende der 1990er Jahre, das Thema »Airbag« war eigentlich erledigt, gab Claudia Schiffer für Citroën gar den harten Kerl als Dummy-Vertretung hinter dem Lenkrad. In den Anzeigen, die den TV-Spot begleiteten, posierte das Model breitbeinig, im Helmut-Newton-Stil, allerdings bekleidet (im geschlitzten kurzen Schwarzen). Dazu der Spruch: »Sie können nie genug bekommen?«
Überspitzte Inszenierungen weiblicher Stärke, die zugleich sexuelle Verfügbarkeit signalisieren, sieht man immer wieder mal, gerade in Spots, weil die sich nicht so leicht festnageln lassen wie Anzeigen. Die Frauen sollen es offenbar mit Humor nehmen. Auch wenn ihnen wahrscheinlich nicht entgeht, dass solche Scherze dem Beschwören erhabener Kraftwunder näher sind als dem Register frauentypischer Ansprachen. Denen ist eine einigermaßen entspannt lebendige Atmosphäre nie ganz verloren gegangen. Allerdings verschwinden Menschen überhaupt seit den 1990ern mehr und mehr aus der gedruckten Autowerbung. Bleiben: Ehrfurcht heischende Ansichten von Automobilen mit abgedunkelten Scheiben.

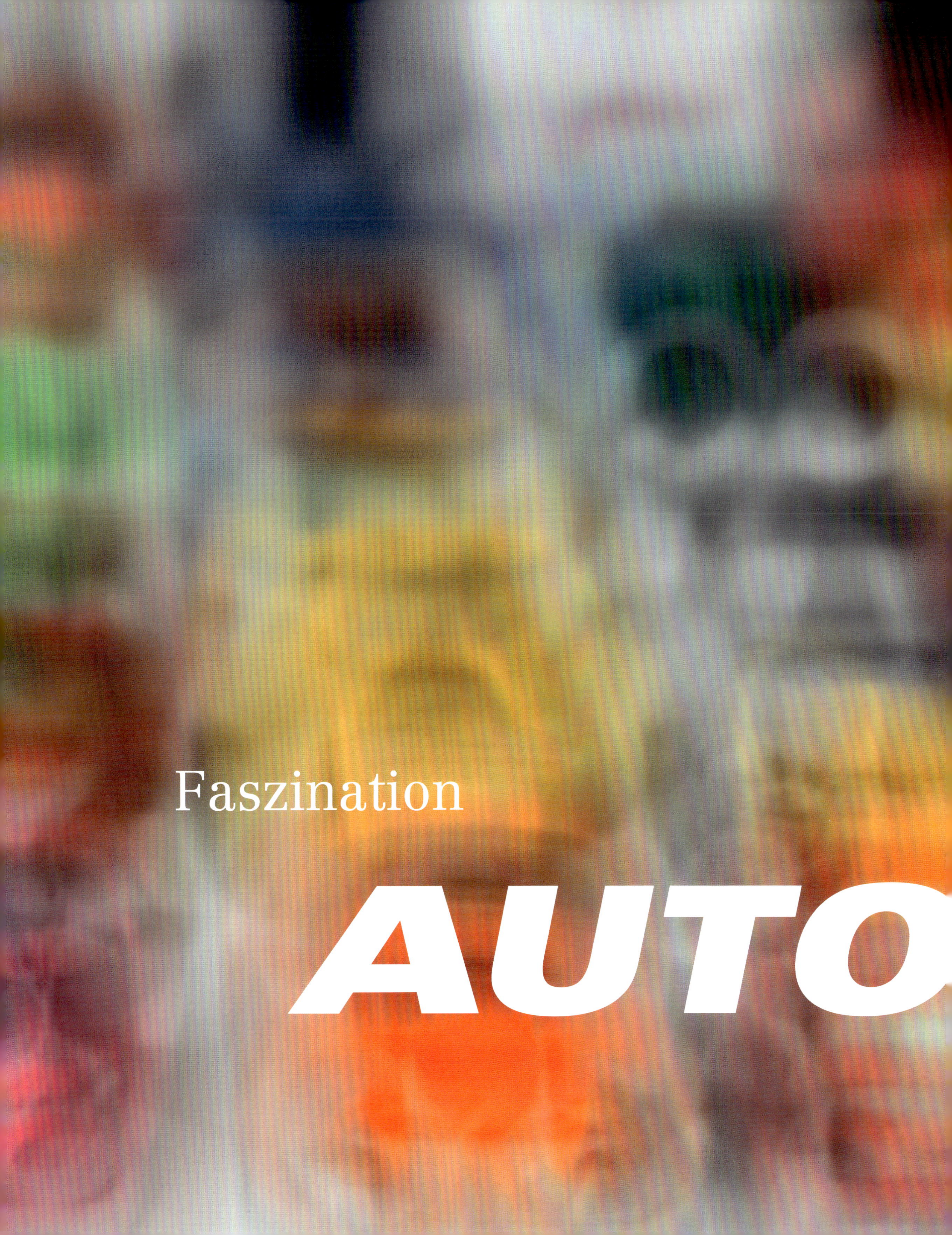

Faszination AUTO

HANSA

AUTOLEIDENSCHAFT

KURT MÖSER

Dass der Mensch seiner »Leidenschaften zugleich fähig und mächtig« sein solle, wie Jean Paul 1795 bemerkte, ist eine Maxime, die durchaus auch für Autoleidenschaft gelten kann. Beides, die Leidenschaft fürs Auto und deren Einhegung, durchzieht die Automobilgeschichte von Anfang an. Dass Versuche zur Disziplinierung und Kanalisierung der Begeisterung für Automobile aber immer wieder auf Schwierigkeiten stoßen, zeigt, wie wirkmächtig die unwahrscheinlich vielfältigen, mitunter unplausiblen Attraktoren sind, die einen langen Trend der Automobilität ausmachen. Fahren und Stehen, Innen und Außen, Vorzeigen und Sammeln, Spielen mit und Besitzen von Autos sind oft leidenschaftlich besetzt. Autos sind Fahr- und Stehzeug, wie der Soziologe Gert Schmidt formulierte, funktionieren als Skulpturen, als selbstbestimmte Erfahrungs- und Erlebnisräume, als demonstrative Objekte für Status und als Selbstbildprojektion, in enger Korrelation von Fahrzeug und Persönlichkeit – und nicht zuletzt als mobiler Privatraum.

Denn Autos bieten einen angenehmen, genießbaren Innenraum, der im Verlauf der Automobilgeschichte immer isolierter und komfortabler wurde. Von den frühen Fahrzeugen, auf denen man eher saß, den Blicken der anderen preisgegeben, über die geschlossenen Autos seit den 1930er Jahren bis zur gegenwärtigen kokonartigen Absperrung vom Außen und von den anderen Verkehrsteilnehmern war es ein langer Weg. Die Attraktion dieser mobilen Privatsphäre mit angenehmer Klimatisierung, Beschallung und Gestaltung ist ein Faktor für die Bevorzugung des Autos vor öffentlichen Verkehrsmitteln, auch wenn vernünftige Gründe dagegen sprechen mögen.

»Man kann ein Auto nicht wie ein menschliches Wesen behandeln, ein Auto braucht Liebe.«

Walter Röhrl, Rennfahrer

◄

1951 findet die Internationale Automobil-Ausstellung (IAA) erstmals in Frankfurt am Main statt. Putzfrauen inspizieren den neuen Borgward Hansa Sport.

►

»Mehr als zehnmal um den Äquator«: DKW (Dampf-Kraft-Wagen), Teil des Konzerns Auto Union, wirbt 1954 mit Zuverlässigkeit.

AUTO ALS INTERFACE UND DESIGNOBJEKT

Wenn bei der Beurteilung von Autos nicht nur Parameter wie Beschleunigung und Höchstgeschwindigkeit herausgehoben werden, sondern auch von »Anpassung an den Fahrer« und »Wohlfühlen im Cockpit« die Rede ist, dann wird klar: Autofahren ist auch Stolz auf die eigene Kompetenz im Umgang mit einer starken und fordernden Maschine. Und ein Auto ist auch ein Mensch-Maschine-Interface, das Maschinensensibilität fordert, engen Körperkontakt bietet, Sinne stimuliert, Sensationen durch g-Kräfte erzeugt, Fähigkeiten wie Rundumblick verlangt und Körper wie Sinne verändert. Das Resultat ist maschinengenerierte Fahrlust.

Aber Autoleidenschaft ist mehr als dies. Zum Kosmos der Attraktionen gehört auch das Skulpturale, die Faszination durch das Außen- wie Innendesign der mobilen Kunstwerke. In der Beurteilung der Gestaltung, in der Wahl des Modells nach Kriterien von visueller Schönheit und taktiler Lust der Materialien, zeigt sich ein ästhetisches Interesse einer großen Zahl von Nutzern, das den immensen Gestaltungsaufwand der Fahrzeugdesigner und Autobauer durchaus legitimiert. Diese Leidenschaft ist eben auch volksnaher Schönheitssinn: Autos befördern eine populäre ästhetische Kompetenz. Gestalt und Design von Automobilen werden unter breiterer Teilnahme des Publikums heißer diskutiert als etwa die von Gebäuden. Autos sind eben sinnlich und mit allen Sinnen erfahrbar.

◄ Seit 1984 kommen jährlich bis zu 3000 VW-Liebhaber am 1. Mai in Hannover zum mittlerweile größten Käfer-Treffen in Deutschland zusammen.

EMOTIONALE AUFLADUNG

Diese Vielfalt und die vielfältigen Angebote, die Automobile für eine Emotionalisierung machen, erschweren jede Analyse. Es klingt banal, ist aber doch bemerkenswert: Autos boten für Viele die verschiedensten und manchmal widersprüchlichsten Attraktionen. Transrationales Plus bestimmte die Autokulturen von Beginn an und war ein wirkmächtiger Faktor der Massendiffusion dieser Technologie. Ohne kollektives und immer wieder erneuertes Begehren wäre das Auto nicht zum größten technischen System weltweit aufgestiegen, und das Automobil sähe heute sicher anders aus und hätte andere Parameter. Re-Rationalisierungsvorgänge waren durchweg wenig erfolgreich. Ständige und ständig scheiternde Versuche der Umdeutung des Autos als Transport-

▼

Citroën-2CV-Parade:
Auf der Rennstrecke von Le Mans finden sich am zweiten Augustwochenende 2014 beim legendären EuroCitro knapp 2500 unterschiedliche Citroën-Fahrzeuge ein, um die französische Marke und ihre Geschichte zu feiern.

mittel durchziehen die Geschichte. Autos sind eben, wie Peter Sloterdijk meinte, nicht rational verfasste Artefakte.

Autofeindschaft in den Jahren vor dem Ersten Weltkrieg war wenigstens zum Teil neidgetrieben und basierte auf politischen Abneigungen. Klassenbewusste Arbeiter verachteten »Protzkarren«, und Kleinbürger reagierten mitunter ähnlich, zumindest so lange, wie sie sich nicht selbst ein motorisiertes Gefährt leisten konnten. Die Sehnsucht nach der eigenen Motorisierung, erfüllbar in Fahrzeug-»Klassen« von Klein- bis Luxuswagen, grundierte später alle gesellschaftlichen Schichten.

Aber selbst die vernunftbetonten, vereinfachten, massengefertigten Fahrzeuge der Volksmotorisierung, die europäische Märkte und Straßen von den 1920er Jahren bis in die 1970er Jahre dominierten, wurden affektiv besetzt. Schon früh haben insbesondere Literaten verstanden, dass selbst vorgebliche »Autos für das Existenzminimum« aufgewertet und als Quelle von Besitz- und Fahrlust, von Stolz auf die eigenen Fahrfähigkeiten und von emotionaler Zuwendung dienen können. In Sinclair Lewis' Roman *Babbitt* von 1922 beispielsweise ist der schlichte Ford T des Helden ein Gegenstand von »poetry and tragedy, love and heroism«. Für die Verwandlung von ursprünglich rational gedachten, minimalistischen Autos wie dem Modell T, dem Citroën 2CV, dem Fiat 500 oder dem ursprünglichen Volkswagen in emotional aufgeladene »Klassiker« war nur ein geringer historischer Abstand erforderlich.

Klassische Wagen ziehen sehr unterschiedliche Gruppen an, von Investoren über Liebhaber herausfordernder, starker, undomestizierter Kraftpakete, Design- bis zu Technikbegeisterten und mobilitätshistorisch Interessierten. Gesammelt werden teure Wagen, Nischenmodelle, technische »Leckerbissen«, rollende Aktien, Massenfahrzeuge oder Traumwagen der eigenen Jugend. Ein nicht unbeträchtlicher Teil der Fahrer und Sammler historischer Fahrzeuge interessiert sich für Wagen, die verbunden sind mit dem eigenen automobilen Aufwachsen. Spuren einer alten Autoliebe ziehen sich oft ins spätere Leben und begründen Sammlungen. Der Rennfahrer Stirling Moss meinte einmal, Männer vergäßen ihr erstes Auto so wenig wie die erste Frau. Wir müssen also über Beziehungen reden.

NUANCEN DER LEIDENSCHAFT

Es besteht ein breites Spektrum der Verhältnisse zwischen Nutzern und Fahrzeugen, ob historisch oder aktuell. Ein Auto kann – eher selten – neutral als ein Werkzeug angesehen werden, als eine perfektionierte Körperverlängerung, als Superprothese; oder es kann Haustiercharakter bekommen, fungiert als Partner des Ich: »Ich stehe da drüben« ist in diesem Fall eine typisch dekuvrierende Formulierung. Und mehr: Die emotionale Aufladung kann so weit gehen, dass das Auto als Beziehungspartner und Liebesobjekt fungiert, das Begehren weckt, mit dem man ein kürzeres oder längeres Verhältnis pflegt und von dem man sich schließlich trennen muss – »bis dass der TÜV uns scheidet« – oder auch will, weil man ein begehrenswerteres Objekt entdeckt hat, meist ein jüngeres, neueres Modell, mit dem man eine neue Be-

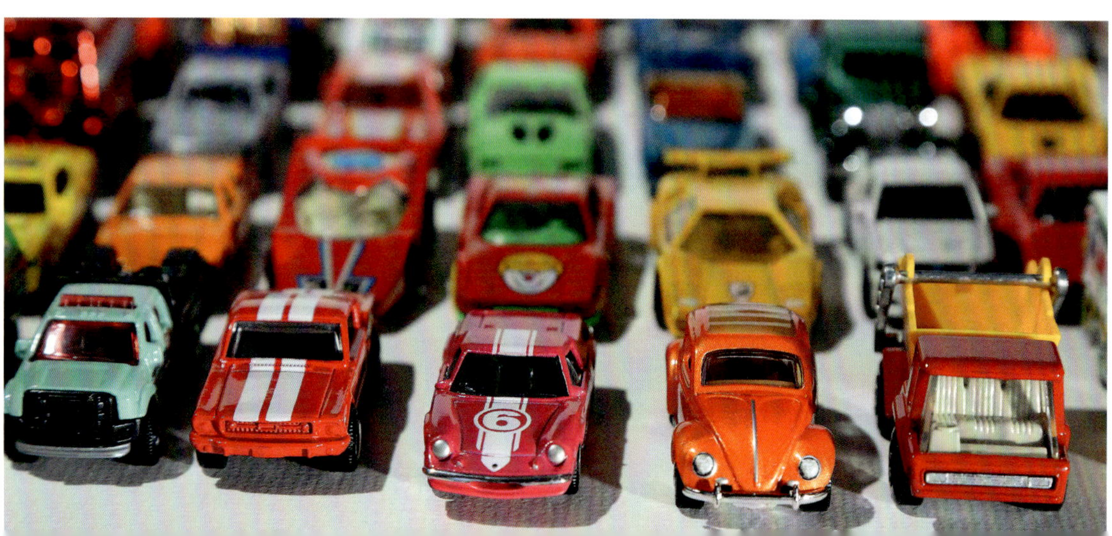

◄ Fast so klein wie eine Streichholzschachtel: Über drei Milliarden Matchbox-Autos fertigen die britischen Hersteller seit dem Produktionsbeginn im Jahr 1953.

◄
Classic Cars, Oldtimer Life, Auto Classic: Oldtimer-Fans können aus einem breiten Spektrum an Fachzeitschriften wählen.

▲
In seinem Porsche 550 Spyder verunglückt James Dean (rechts) am 30. September 1955 tödlich. Neben ihm sitzt im Bild und beim Unfall der deutsche Porsche-Rennfahrer und Mechaniker Rolf Wütherich, der schwer verletzt überlebt.

Erstes Hybrid-Fahrzeug: Ludwig Lohner (links) und Ferdinand Porsche (am Steuer) kombinieren Benzin- und Elektromotoren, wie in diesem weiterentwickelten Fahrzeug aus dem Jahr 1901.

ziehung beginnen möchte. Bei der Wahl und Inbesitznahme eines neuen Fahrzeugs, bei Trennungen und Scheidungen vom alten kommt es zu Vorgängen des Ver- und Entliebens. Dies ist eine verdinglichte Liebe, die man leicht kritisieren kann, doch Autos sind ein wesentlicher Teil des sozialen Lebens der Dinge, versehen mit einer emotionalen, leidenschaftlichen Aura.

Autobegeisterung ist keinesfalls ein Männerphänomen. Schon kurz nach 1900 kommentierten Journalisten die Leidenschaften Pariser Chauffeusen, ihre Geschwindigkeits- und Überholbegeisterung. Heute gleichen sich die Haltungen von Fahrern und Fahrerinnen zunehmend an. Geschwindigkeitsüberschreitungen von Frauen nehmen zu, vorgeblich typische Frauenunfälle begehen nun Männer. Und Freude am Fahren eint beide, so wie Freude an Klassikern.

SAMMLERGLÜCK

Automobilbezogene Sammelleidenschaft ist ein außerordentlich weites Feld: von Modellautos über »Automobilia« bis zu Literatur und Fahrzeugen selbst. Insbesondere für klassische Fahrzeuge, Young- und Oldtimer, gibt es eine wachsende und breit gefächerte Sammlerkultur, mit eingekreuzten Sub-Leidenschaften der Klubbildung, der gemeinsamen Ausfahrten, des Fachsimpelns und Renommierens, des Vorzeigens der mobilen Schätze. Für nicht Initiierte ist erstaunlich, was alles im Kosmos historischer Automobilität bewahrt und gesammelt werden kann – etwa James Deans Porsche Spyder oder das Mercedes-Wrack, in dem Prinzessin Diana starb. Prominentenautos, prototypisch für die intime Verbindung von Personen und ihren Gefährten, erzeugen sogar als Unfallwagen Faszination.

Wenn die Sehnsucht nach richtig faszinierenden Autos nicht befriedigt werden konnte, dann behalf man sich mit Substituten. Im automodellbeschränkten Indien der 1990er Jahre hatten Autozeitschriften ausklappbare Pin-ups westlicher Sportwagen. Bildbände mit hochästhetischen Autofotos liefern – wie der amerikanische Technikhistoriker Barton Hacker formuliert – pornotechnische Vorlagen für Besitzer und sehnsüchtige Nichtbesitzer; und Kinder, die noch weit von der echten Erfüllung ihrer Sehnsüchte entfernt sind, sammeln Modellautos oder spielen mit Fernsteuermodellen. Waren es lange Zeit Autoquartette, die hinsichtlich der Faszinationshierarchien von Leistung und Beschleunigung sozia-

Mit dem Audi e-tron sucht der Konzern seit 2009 den Anschluss an die Elektroautos der Konkurrenz. e-tron bezeichnet bei Audi alle Neuentwicklungen im Bereich der Elektro- und Plug-in-Hybride.

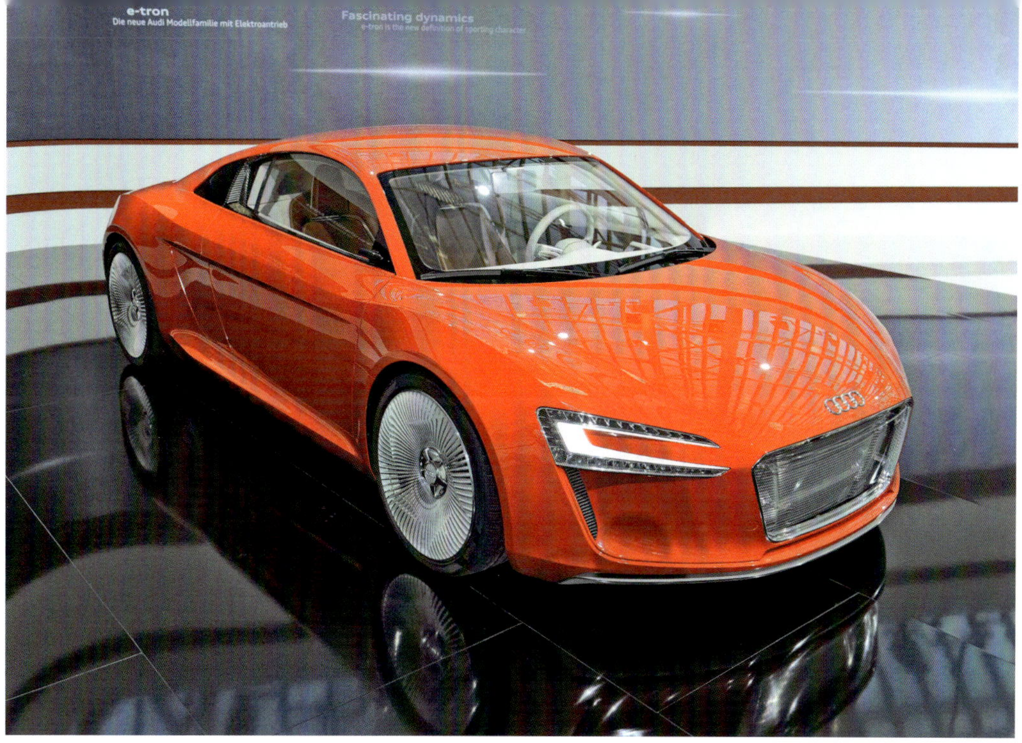

lisierten, so werden heute Jugendliche mit Computerspielen wie *Grand Theft Auto* virtuell auf den künftigen Besitz getunter Einsteigerfahrzeuge und auf reales Autobahnverhalten vorbereitet.

ELEKTROAUTO ALS SUBLIMATION

Leidenschaft für die neue Mobilitätsmaschine hat auch bei der Durchsetzung des Autos mit Verbrennungsmotor gegen das Elektrofahrzeug, das um die Jahrhundertwende schon weit verbreitet war, eine Rolle gespielt. Der Benzinwagen war abenteuerorientierter, maskuliner, aufregender. Elektrofahrzeuge waren schon damals zahmer, schienen weniger mechanisch und wurden als bloße Frauenfahrzeuge vermarktet. Man musste sie nicht beherrschen; sie waren auch mit weniger mechanischem Geschick fahrbar, aber hatten ein eindeutig geringeres Potenzial an Fahrlust. Das behinderte wirksam ihre Verbreitung. Heute scheinen Hersteller von maskulin konnotierten Elektrosportwagen daraus gelernt zu haben.

Trotzdem: Die automobile Modellwelt war von Anfang an so weit aufgefächert, dass stets auch Teilkulturen und gesellschaftliche Nischen bedient werden konnten, nicht nur die schamlos bekennenden Autoaffinen. Das Fahren von »Döschewohs« (Citroën 2CV = deux chevaux), Renault R4s oder von betagten Mercedes-Dieseln ermöglichte das Ausleben von Autoliebe sogar in tendenziell autoskeptischen Milieus der 1970er Jahre – und bot dazu noch den Vorteil billigen und ideologisch aufgewerteten Distinktionsgewinns. Und radikale Gesellschafts- und Kapitalismusablehnung konnte sich durchaus mit der Faszination für schnelle Fahrzeuge paaren. RAF-Terroristen bevorzugten schnelle BMW nicht nur aus praktischen Gründen als effiziente Fluchtwagen, sondern wohl auch aus Autoleidenschaft.

Und heute sind nicht alle Besitzer von Hybrid- oder Elektrofahrzeugen prototypische rationale oder umweltbewusste Nutzer. Ein wichtiger Teilmarkt von Fahrzeugen gibt vor, das Dilemma zwischen Autofaszination und schlechtem Gewissen zu lösen. Es gibt viele Wege und Angebote, um die automobile Begeisterung in schwierigen Bewusstseinslagen aufrechtzuerhalten. Trotzdem: In einigen Milieus sollte man seine Autoleidenschaft besser nicht offen bekennen. Obwohl wir sehen, dass Autoleidenschaft heute bedenken- und schamlos in Ländern wie China oder Russland ausgelebt wird, ruft ein ähnli-

◄

Oldtimer mit Rebellenimage: Hot Rods sind frisierte Fahrzeuge, die technisch und optisch stark modifiziert werden. Ihre Basismodelle sind vor 1949 entstanden.

ches Bekenntnis hierzulande Befremden hervor und bekommt nahezu obszönen Charakter. Solche Bekenntnisse sind sozial gefährlich, da ein emotionales Interesse an Autos als vulgär gilt, analysierenden Intellektuellen unwürdig. Distinktionsgewinn erfolgt also durch Ablehnung, Nichtteilnahme, oft aber auch durch Umlenkung der Mobilitätspräferenzen – etwa wenn man keinen »vulgären« Pseudogeländewagen fährt, sondern einen Plug-in-Hybriden.

Doch dies ist nicht selten getarnte und schwach transformierte Autofaszination, die ein Spitzen- und Breitenproblem darstellt: Für meinungsbildende Eliten hat offen zugegebene Autoliebe oft etwas Gewöhnliches; und wie immer, wenn Diffamierungen einsetzen, ohne das wirkmächtige Phänomen zu verstehen, erscheint es in veränderter, verdeckter oder subversiver Gestalt.

PHÄNOMEN DER POPULÄRKULTUR

Autofaszination ist eng verzahnt mit Populärkulturen. Evident ist das in der Popmusik, aber vor allem in der Alltagskultur von Jugendgruppen, die ihre Fahrzeuge mit Tieferlegen, Tuning und Design verändern, individualisieren und ihren »Stamm« konstituieren. Von amerikanischen Studenten, die alte Fords zu Hot Rods umbauten, über die Cruising-Kultur der 1960er Jahre bis zu jugendlichen Migranten, die mit Hochleistungswagen durch die Mannheimer Quadrate röhren: Autos waren wegen ihres gegenkulturellen und provokanten Potenzials immer ein Faszinosum von subversiv auftretenden Teilkulturen. Doch manchmal scheinen sich die Gegensätze zu berühren. Autoaffine Industriemanager oder Designer und Entwickler reden manchmal gar nicht so anders über ihre Produkte als dieser Kundenkreis. Und Journalisten, die sich zu ihrer Autoleidenschaft bekennen, nutzen sie zur Provokation, wie etwa der britische Autotester Jeremy Clarkson.

Die Leidenschaft für Autos ist nicht nur ein individuelles Phänomen, sondern kann auch in Gruppen erlebt werden. Seien es Markenklubs, gemeinsame Ausfahrten mit klassischen Fahrzeugen oder auch gemeinsames Reparieren und »Schrauben«, wie das in der DDR üblich war: Oft ist die Faszination kollektiv. Gruppen Gleichgesinnter diskutieren und fachsimpeln über ihre Fahrzeuge, zeigen und erklären sie einander. Technisch-ästhetisch-gesellschaftliche Diskurse entwickeln sich.

►

»Wir sind die Coolsten, wenn wir cruisen«: Schon seit den 1950er Jahren ist es in den USA ein beliebtes Vergnügen, mit dem Auto umherzufahren und sich in Szene zu setzen.

◂

Besonders Cabrios mit aufklappbarem oder versenkbarem Verdeck versprechen ein Gefühl von Freiheit.

DAS VERSPRECHEN AUF FREIHEIT

Autoleidenschaft lebt nicht zuletzt von Imaginationen und Versprechungen. Einsames und freies Fahren, Paris mit dem Wind im Haar, ein britisches Cabrio in Cornwall, ein Traumsportwagen an der Cote d'Azur, ein Geländewagen in der wegelosen Wildnis: Das sind starke Wunschbilder, angesiedelt um Freiheitsfantasien, die durch keine Leidensgeschichten, nicht durch Staus, Kostenärger, technische Probleme oder staatliche Regulierungs- und Disziplinierungsanstrengungen ganz zerstört werden können. Illusionen gehören zur Autoleidenschaft. Der Psychologe Bernt Spiegel hat für das Motorrad Faktoren der Faszination zusammengestellt; für Autos gilt ein ähnliches Motivbündel, das von Omnipotenzerlebnissen bis zur Kompensation eigener Organminderwertigkeit reicht.

Doch das ist konfliktträchtig. Die Debatte um Freiheit durch Automobilität wurde und wird sehr emotional geführt, wofür die Bewertung des Geschwindigkeitslimits typisch ist. Freunde und Feinde »lackierter Kampfhunde« tragen ihre Konflikte sehr persönlichkeitsbezogen aus – wiederum ein Hinweis auf die gefühlsmäßige Nähe von Fahrzeug und Nutzer. Zugleich wird sichtbar, dass Debatten über das Auto mehr sind als nur dies: An Autobegeisterung und -feindschaft kristallisieren sich allgemeinere Fragen der Haltung zu unserer Gesellschaft. Autokritik wird nicht selten korreliert mit Technikfeindschaft. So ist die Straßenmobilität ein kulturell wirksames symbolisches Feld zur Austragung von Konflikten und zur Identifikation von Freund und Feind in der technisch-industriellen Zivilisation.

Die Kritik an der Autobegeisterung begleitet die gesamte Geschichte der Individualmotorisierung. Dabei hat sie sich als bemerkenswert erfolgloses Vorhaben erwiesen. Wie auch immer in den letzten 120 Jahren argumentiert wurde – private Autos seien umweltschädlich, hochgefährlich, vulgär, ressourcenverschwendend, neureich und wie auch immer Autobegeisterte und speziell Sportwagenfahrer diffamiert und abqualifiziert wurden, als lächerliche Nutzer von Persönlichkeitsprothesen, unreife Unerwachsene, kapitalistische Protze oder impotente Zwerge –, die Liebe zum Automobil erwies sich stets als stärker und resilienter als alle Kritik.

GESCHEITERTE VERNUNFTKONSTRUKTE

Ein weiterer Trend, der die Automobilgeschichte begleitet, sind die vielfältigen Versuche zur Konstruktion vernünftiger Automobilität, womit Autobegeisterung ersetzt werden sollte. Dies konnte verschiedene Formen annehmen, von der Vermarktung ingenieursrationaler Fahrzeuge, der Ablehnung automobiler Exzesse bis zur Kritik an allem, was die Transportfunktion überstieg. Doch die Re-Rationalisierung von Autos, oft verbunden mit Versuchen zum Eskamotieren seiner unvernünftigen Merkmale, ist durchaus zweischneidig. Das zeigt

etwa der zunächst unwahrscheinlich wirkende Erfolg des VW Beetle in den USA. Automobile Bescheidenheit wirkte als Distinktionsmittel für liberale, europaaffine, eher akademische Kunden. Doch das vorgeblich rationale, auf seine Transportmittelfunktion zurückgeführte, bloß vernünftig scheinende Auto wurde dann doch wieder mit Leidenschaft gepaart. Der Käfer faszinierte in den 1960er und 1970er Jahren eben auch seine Käufer und zunehmend deren Kinder, die an ihm unerwachsene und mit Alternativkulturen kompatible Wesenszüge liebten. Das Auto kann offenkundig nicht einfach in ein vernunftbestimmtes Artefakt umkonstruiert werden.

Die dunkleren, oft aggressionsorientierten Seiten der Automobilleidenschaft werden nicht selten unterschlagen oder heruntergespielt. Doch sie waren und sind immer wieder kraftvolle Attraktoren, gerade für jüngere Fahrer, die mit Überholrisiken spielen, Limits ihrer Wagen austesten, sich informelle Rennen liefern oder sich aggressiv gegen andere verhalten. Die Durchsetzung im Landstraßenverkehr und die soziale Durchsetzung scheinen allerdings altersneutral zu sein. Gerade in der jungen »Wirtschaftswunder«-Bundesrepublik sahen zeitgenössische Kommentatoren einen Zusammenhang von technischer Mobilität und sozialer Rücksichtslosigkeit bei den Fahrern »schwerer Wagen«. Und schon viel früher verortete man Autoleidenschaft bei sozial prekären Gruppen: Zum Auto hingezogen fühlten sich »Sprößlinge der Finanz« und die »besseren Diebskreise«, so der österreichische Literat Karl Kraus 1902. Automobilaffinität passte gut zur industriebürgerlichen wilhelminischen Aufsteigergesellschaft, die den »Kampf ums Dasein« pries, aber auch zu den erfolgreichen und selbstbewussten Industriellen, Kulturprovokateuren und Großbürgern der Weimarer Republik und des »Wirtschaftswunder«-Deutschlands. Ein besonderer Fall war der systemische Zugriff auf den Automobilismus im Nationalsozialismus. Neben dem Autobahnbau, den »Pyramiden des Dritten Reichs«, war es vor allem die Sehnsucht nach dem Besitz eines eigenen Wagens, die zur Bindung an das Regime politisch eingesetzt wurde. Auch hier wurde die Begeisterung direkt politisch wirksam.

Automobilleidenschaft ist also keineswegs nur individuell, kulturell oder kollektivpsychisch relevant, sondern war und ist in hohem Maß ein wirtschaftlicher und politischer Faktor. Dies einerseits als Treiber einer prosperitätsgenerierenden Schlüsselindustrie, die ohne Massenleidenschaft und der Bereitschaft, einen großen Teil des verfügbaren (oder nicht verfügbaren) Einkommens für Autos mit ästhetischem und faszinierendem Mehrwert auszugeben, kaum so bedeutend geworden wäre. Zum anderen erschwerte oder blockierte gar die außerordentlich hohe emotionale Bindung der Besitzer an ihre Fahrzeuge und ihre Rolle als imaginierte Freiheitsmaschinen manche rationalen Maßnahmen der politischen Steuerung. Gerade in Deutschland musste die Politik stets mit einer autoaffinen und regulierungssensiblen Wählerschaft rechnen. In diesem Sinn waren manche verkehrspolitischen Entscheidungen, etwa die Wiedereinführung der »freien Fahrt für freie Bürger« nach den Ölkrisen der 1970er Jahre, populistische politische Reaktionen.

▲
Erster autofreier Sonntag in der Bundesrepublik Deutschland am 25. November 1973: Aufgrund der Ölkrise ordnet die Bundesregierung ein Fahrverbot für fast alle Kraftfahrzeuge an. Radfahrer nutzen dies und dominieren den Kurfürstendamm in West-Berlin.

▲
Als Protestaktion gegen eine allgemeine Geschwindigkeitsbegrenzung auf Autobahnen verteilt der ADAC im März 1974 eine Million Aufkleber und wirbt für eine Richtgeschwindigkeit.

URSACHENFORSCHUNG

Wie steht es eigentlich mit der Genese dieser Leidenschaft? Entwickelte sie sich als eigenständige Kultur, oder entstand sie in einem größeren Komplex der Besitzerotik von Konsumgegenständen, von Luxus und Moden? Damit wäre sie eng verbunden mit genereller Technikbegeisterung und der globalen Erfolgsgeschichte unserer Konsumgesellschaft. Entstand sie, oder wurde sie gemacht, gezielt und interessengeleitet konstruiert, als Marketinginstrument im real existierenden Kapitalismus oder zur politischen Bindung wie im Nationalsozialismus? Die Beantwortung ist nicht einfach; wo die Grauzonen zwischen der gezielten Konstruktion und dem geschickten Ausnützen von Automobilleidenschaft verlaufen, muss immer wieder an Einzelfällen diskutiert werden.

Das große und komplexe Feld der Automobilwerbung ist hier zu nennen. Wurden und werden dort Wunschbilder konstruiert oder nur aufgenommen und verstärkt? Auch das »history marketing« von Automobilherstellern, der Einsatz der eigenen Geschichte und ihrer faszinierenden Automobile zu Werbezwecken, ist untersuchenswert. Man spielt mit der Würde der Historizität und zugleich mit aktueller wie auch nostalgisch besetzter Faszination. So entsteht ein wirkmächtiges Instrument der kulturell wirksamen Panzerung der Automobilität gegen Rationalisierungsanstrengungen und Kritik. Die hermeneutische Aufgabe, zu »begreifen, was uns ergreift«, ist schwierig. Klar ist jedenfalls: Wo der Autofaszination politisch-ökonomische Grenzen gesetzt werden, lauert gefährliche Unzufriedenheit – auch wenn die unerfüllte Sehnsucht nach »richtigen« Autos in der DDR nur einer der Stöße gewesen sein mag, die zum Fall der Mauer geführt haben.

Solche Fragen sind komplex. Die vielen Experten und Wissenschaftler, die die »weichen« Faktoren der Automobilität in den Griff zu bekommen trachten, – Technik- und Kulturhistoriker, Psychologen, Politologen, Soziologen, Kunsthistoriker, Wirtschaftswissenschaftler und Vertreter manch neuer akademischer Fächer – müssen Fantasie beim Auffinden von Quellen und Anwenden von Methoden entwickeln, wobei nicht immer genügend Verständnis für die Macht der automobilbezogenen Gefühle zu erwarten ist. Das Verstehen von Autofaszination ist eine dauernde wissenschaftliche Herausforderung.

Dem komplexen Phänomen bloß durch Befragen auf die Spur kommen zu wollen, führt oft in eine Falle. Das musste schon General Motors in den 1920er Jahren zur Kenntnis nehmen: In Kundeninterviews legten die Käufer Wert auf Sicherheit und Wirtschaftlichkeit, aber das tatsächliche Kaufverhalten war geprägt durch Leistung, Prestige und Komfort, wie Achtzylinder, Weißwandreifen oder Liegesitze. Auch die Kundenbefragungen Fords vor der Einführung des Edsel 1957 halfen nicht, die Akzeptanz dieses wirtschaftlich verheerend erfolglosen Wagens zu erhöhen. Große Unterschiede zwischen der Bekundung rationalen Kauf- und Beurteilungsverhaltens und dem eher irrationalen Kaufverhalten begleiten die gesamte Automobilgeschichte. Dies bereitet Kulturhistorikern mitunter Probleme und verwirrt Ökonomen und Umweltpolitiker. Vielen fällt es schwer, diese verborgenen, unklaren,

Verdichtung 997:
Der österreichische Künstler Gottfried Bechtold nutzt einen neuen Porsche Carrera 997 S Prototypen für einen Betonabguss, fährt ihn 80 Kilometer und lässt den Wagen anschließend in einer Schrottpresse komprimieren.

dunklen Elemente in Geschichte und Gegenwart des Automobilismus anzuerkennen und dann kühl zu betrachten.

Wie wird es wohl weiter gehen? Umfragen bestätigen immer wieder die abnehmende Attraktivität von Privatwagen für eine neue Generation, aber wie bei allen Befragungen, die Irrationales berühren, sollte man vorsichtig sein und sich das konkrete Nutzerverhalten genauer ansehen – nicht nur den Habitus großstädtischer Hipster, sondern den Wunschkosmos der Masse der Jugendlichen gerade auch auf dem Land. Eine künftige Transformation der Automobilität, die Durchsetzung von selbstfahrenden Autos oder von Brennstoffzellen- oder Elektrofahrzeugen, wird – so lässt sich prognostizieren – nur gelingen, wenn diese Fahrzeuge auch Leidenschaften bedienen können.

BLICK PUNKT

GÜNTHER JAUCH

Die große Sehnsucht

◂
Abschiedsfahrt über die Glienicker Brücke in Potsdam: 2013 spendet Günther Jauch seinen Ovali-Käfer, Baujahr 1956, der Lebenshilfe Gießen, die ihn in einer Oldtimer-Spendenaktion verlost.

Meine »Motorisierung« begann im Alter von fünf Jahren mit einem Holzroller, aber schon zur Einschulung bekam ich einen metallicgrünen Roller mit Ballonreifen. Das erste Fahrrad, ein 26er, rot und vom Qualitätshersteller Bauer, stand unter dem Weihnachtsbaum, als ich zwölf Jahre alt war.
Mit 16 Jahren – Ulrike Meyfarth ersprang im selben Alter gerade bei den Olympischen Spielen 1972 in München die Goldmedaille – war mein sehnlichster Wunsch eine 50-Kubikzentimeter- und 6,25-PS-Maschine von Zündapp, mit hochgezogenem Auspuff in arizonagold-metallic. Sie kostete 2 000 DM, meine Eltern weigerten sich standhaft, sich an der Finanzierung zu beteiligen, und so reichte es nur zu einer gebrauchten Kreidler Florett in knallorange. Kennzeichen: B–X 4352. Immerhin: Damit begann für einen langhaarigen Teenager, der zeitweilig am Tag 30 selbstgedrehte Zigaretten aus Batavia-Tabak rauchte, die große Freiheit auf zwei Rädern.

Opel versus Ford

Für mich als begeisterten Autoquartettspieler war das Familienauto von enormer Wichtigkeit. Die Marke, Farbe, Motorisierung und selbst kleinste Ausstattungsdetails entschieden über das gesellschaftliche Ansehen in der Schule.
Im Autoquartett waren die Chevrolet Corvette mit 360 PS, gefolgt vom Jaguar E mit 265 PS die Renner. Selbst eine heute hochbegehrte Mercedes-Pagode schrumpfte dort auf Mittelmaß.
Mein Vater fuhr bis zu meiner Einschulung einen Ovali-Käfer, den er nach der Geburt des dritten Kinds verkaufte und dafür eine Ford-Badewanne, weiß mit schwarzem Dach, für 7 000 Mark fabrikneu erwarb. Ein herrliches Auto mit unverwechselbarer Optik und einem Kennzeichen, an das ich mich noch heute erinnere (B–RR 358).
Ford oder Opel war bei den Kindern der damaligen *middle class* die automobile Grundsatzentscheidung. Ich war eigentlich ein Ford-Fan, aber der Vater meines besten Freunds erwarb Ende der 1960er Jahre einen weißen C-Rekord (B–ZK 129), der mich als Zwölfjähriger faszinierte. Da traf es sich gut, dass jemand den Ford meines Vaters rammte und die Autofrage in der Familie endlich wieder neu diskutiert werden konnte.
Doch meine Eltern trafen eine Entscheidung, die mich zum automobilen Außenseiter machte. Sie wählten einen babyblauen Audi Super 90, ein schreckliches Gefährt in der Form des noch kurz zuvor als Zweitakter mit stinkendem Reng-deng-e-deng geächteten DKW F102. Über Jahre schämte ich mich, wenn das blaue Ungeheuer (B–JE 951) um die Ecke bog. Zum Glück rostete diese Spießerkiste in einem solchen Tempo, dass bald eine neue, hoffentlich adäquatere Limousine, hermusste. Mit einem Opel Rekord D in metallicblau mit schwarzem Vinyldach und unserem ersten Autoradio überhaupt machte mein Vater seinen Anfängerfehler aus den 1960ern im Jahr 1974 wieder gut. Später fuhr er noch einen BMW 318

▾
Die Zündapp KS 50 – ein spät erfüllter Jugendtraum.

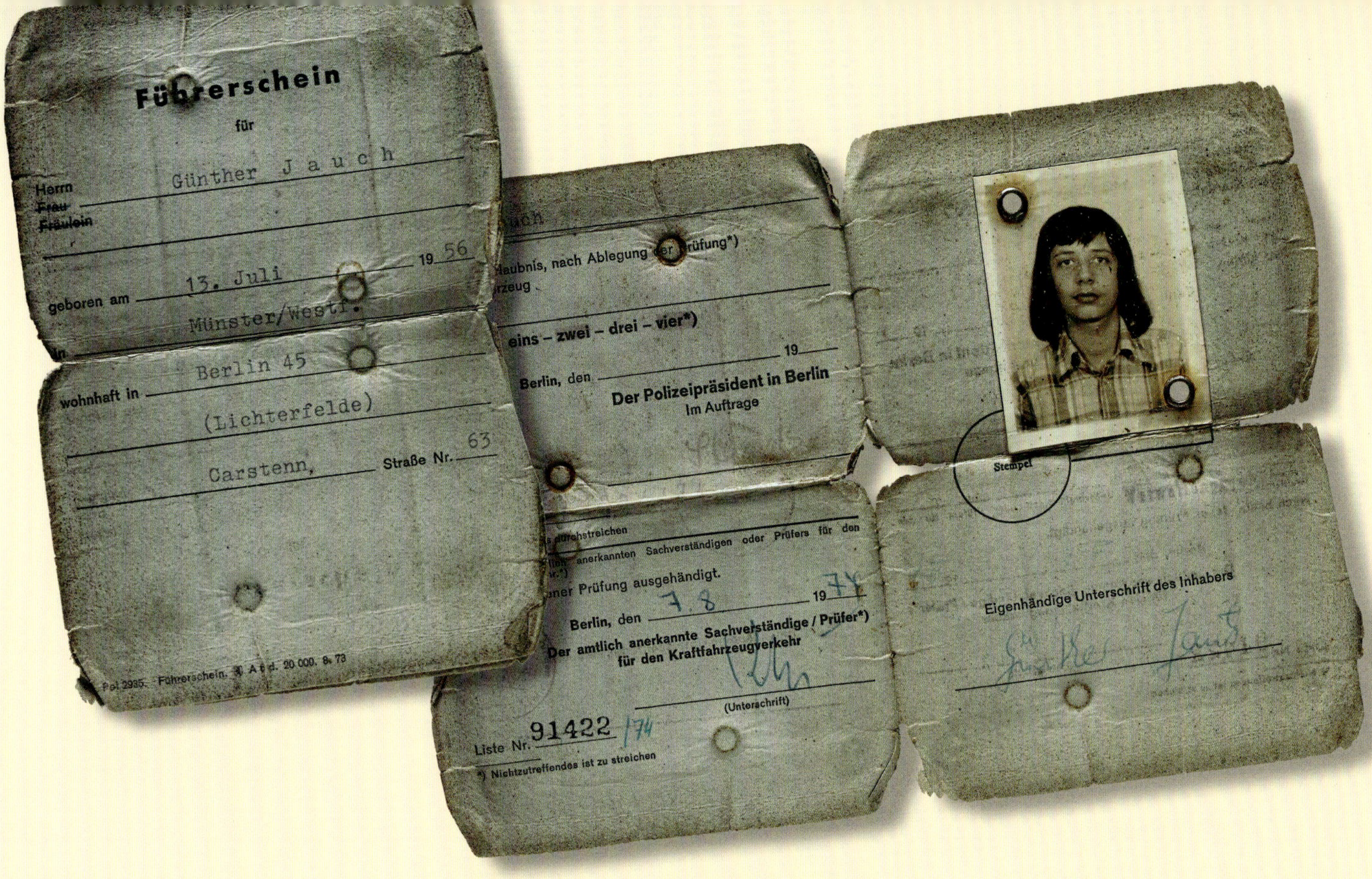

▲

Der alte graue »Lappen« von Günther Jauch: So sehen Führerscheine in der Bundesrepublik Deutschland von 1968 bis März 1986 aus.

►

Ende der 1970er Jahre fährt Günther Jauch ganz zeitgemäß einen orangen Käfer.

und zuletzt einen Ford Sierra – zu einem Mercedes hat es, wie nach meiner Erinnerung auch bei allen anderen Mitschülerinnen und Mitschülern, damals nie gereicht.

Öfter mal was (Ur)altes

So sehr die Kreidler Florett meinen Freiheitsdrang mit 16 befriedigte, so groß war dann doch die Sehnsucht nach einem Auto mit 18. Der Führerschein war schnell bestanden, doch musste ich ihn durch Ferienarbeit selbst verdienen. Als Packer und zeitweilig auch als Regalfüller beim Discounter Gebrüder Manns kam ich mit 3,95 DM brutto in der Stunde auf keinen grünen Zweig. Nie wieder habe ich so unter Geldnot gelitten wie zwischen dem 15. und 19. Lebensjahr. Die Lage verschärfte sich auf das Dramatischste, als ich einem pensionierten Richter einen schrecklich babyblauen (wie sich Geschichte

wiederholt) VW 1600 L Automatic mit Stufenheck für 1 450 DM abkaufte. Zwei bittere Lehren waren zu ziehen: Auch Organe der Rechtspflege verkaufen Schrottkarren in durchaus betrügerischer Absicht, und ein Doppelvergaser schluckte trotz lahmer 54 PS um die 16 Liter auf 100 Kilometern. Die Situation entspannte sich erst durch den Erwerb eines uralten, aber riesigen Opel R 3 für 400 Mark, der nach zwei Jahren noch 150 DM einbrachte, einen moosgrünen Ford 15M P6, den mir der Kaplan unserer Kirchengemeinde für 200 DM verkaufte und den ich ein Jahr darauf (der böse TÜV) dann persönlich zum Schrottplatz fahren musste.
Danach begeisterte mich ein oranger VW Käfer 1302 (B–WM 595), ehe ich beim Bayerischen Rundfunk mein erstes Gehalt (1 415 DM netto) erhielt und nun Kfz-mäßig völlig außer Rand und Band geriet. Ja, ich hatte

Aus der letzten Lieferung der Baureihe sichert sich Jauch einen Renault R4 für seine Kleinwagen-Sammlung.

Exklusiver Lieferwagen: Mit einem Opel Olympia Caravan von 1954 liefert das Weingut von Othegraven in Kanzern an der Saar den Wein aus. Das Weingut gehört seit 2010 Günther und Thea Jauch.

Freude daran, meine Freunde und Kollegen mit meinen in immer kürzeren Intervallen wechselnden Autos zu provozieren. Mal schockte ich sie mit einem ausgemusterten weißen Dienstwagen des Bayerischen Rundfunks (Mercedes 200, Baureihe 123, genannt »Metzgerauto«), mal mit einem BMW 732 in metallicblau, dann musste es ein mir unter dem Hintern wegrostender, aber herrlicher oranger Mini sein, um bald darauf mit einem bordeauxroten Jaguar XJ 6 vorzufahren. Mein Freund Thomas Gottschalk war mir damals mit seinem Daimler Double Six in dunklem Anthrazit schon weit voraus, den er mir an meinem 30. Geburtstag für ein ganzes Wochenende auslieh.

Noch heute fahre ich gern Auto, auch lange Strecken, ohne Druck und mit dem Blick für all das, was an Menschen und Landschaft an mir vorüberzieht. Fast alle meine Autos – und es sind schon einige – sind richtig alt. Mit dem ältesten, einem Opel Olympia Caravan von 1954, fahren wir noch immer Wein aus. Das letzte Auto von Horst Tappert, einen Daimler Double Six in Westminster Blue, hat mir ein Sammler verkauft. Die Handschuhe des ewigen Oberinspektors lagen und liegen noch immer im gleichnamigen Fach. Ein besonderes Faible hege ich für kleine Autos. Ich habe jeweils aus der letzten Lieferung der Ente und des Renault R 4 vor fast 30 Jahren die letzten Exemplare fabrikneu gekauft und in eine Scheune gestellt. Ein Wagen aus der letzten Baureihe des alten und so winzigen Mini ist vor 15 Jahren bei mir gelandet.

Ich nenne wieder eine Ford-Badewanne mein eigen und habe mich bei den Oldtimern nur von meinem ersten Kauf, natürlich einem Ovali-Käfer, getrennt, und ihn an die Lebenshilfe in Gießen verschenkt. Eine Krankenschwester auf dem Hilfsschiff Cap Anamur hatte ihn mir vor 35 Jahren verkauft, und ich habe ihn dann wieder komplett restaurieren lassen.

Zuletzt hat es mich vor einem Jahr erwischt: Der Kindertraum von der Zündapp KS 50 Supersport in arizonagold-metallic hat sich doch noch erfüllt. Mit 45 Jahren Verspätung habe ich eine wunderbar erhaltene gefunden und fahre sie mit großer Freude. Herrlich schnell, herrlich laut, herrlich stinkend mit dem alten Zweitakter. So bin ich wieder 16 statt 60 – wenigstens manchmal …

BLICK PUNKT

INTERVIEW MIT CLAUDIA DEFUHR

Classic Days am Schloss Dyck

► Nicht nur Autos: Die Classic Days präsentieren auch das dazugehörige Lebensgefühl und die Mode der 1920er bis 1970er Jahre.

◄ Ein Peugeot 402 Eclipse vor dem historischen Wasserschloss Dyck im Rhein-Kreis Neuss. Über drei Wassergräben gelangt man zum Herrenhaus, das von 1636 bis 1663 erbaut wurde.

Frau Defuhr, die Classic Days gelten heute als das größte Festival seiner Art auf dem europäischen Festland. Was ist das Besondere an der Veranstaltung?

Ich glaube, es ist die einmalige Kombination aus historischem Wasserschloss, weitläufigen Parkanlagen im englischen Stil und der Aktivität auf der Rundstrecke, wo klassische Autos, Motorräder und Rennfahrzeuge zu erleben sind. An jeder Ecke gestalten die ehrenamtlich tätigen Vereinsmitglieder stimmige Bilder aus der »guten alten Zeit« und bieten damit über die Autos hinaus eine Reise in die Vergangenheit. Das Publikum spürt die Hingabe, mit der der Verein ein Fest für Freunde organisiert.

Erstmals fanden die Classic Days 2006 statt. Was war der Auslöser?

Marcus Herfort, Vereinsvorstand und Initiator der Classic Days, hatte vor zwölf Jahren die Idee: Mit dem wunderschönen Wasserschloss verband er zum einen viele positive Kindheitserinnerungen; zum anderen schlug sein Herz für klassische Fahrzeuge. Herfort wollte einen stilvollen internationalen Klassiker-Treffpunkt schaffen und suchte Enthusiasten, zuerst meist Freunde und später Mitglieder eines gemeinnützigen Vereins, die dieses Vorhaben begleiten und viel Benzin im Blut haben sollten.
Die Gründungsidee des Classic Days e. V. war nun, das Gesamtensemble aus Schloss- und Parkanlagen sowie die Stiftung Schloss Dyck zu unterstützen, indem sich dort ein Mal im Jahr Klassiker-Liebhaber und -Begeisterte treffen. In einer einmaligen Mischung mit fahraktiver Demonstrationsrundstrecke und großem Oldtimer-Sommer-Picknick am landschaftlich reizvoll gelegenen Wasserschloss im weitläufigen Park – das war die Formel.
Die Erlöse aus den Ticketverkäufen fließen in die Stiftung Schloss Dyck. So helfen wir mit unserem Hobby dem Schloss in unserer Heimat im Rhein-Kreis Neuss.

Auf den Classic Days werden nicht nur Autos präsentiert, es gibt auch ein umfangreiches Rahmenprogramm und Retro-Dekoration. Warum ist das Ambiente für Sie von so großer Bedeutung?

Das ist doch genau das, was uns von anderen Veranstaltungen unterscheidet. Die Classic Days sind so facettenreich wie die Automobilgeschichte und die Geschichte der Mobilität. Baujahre, Produktionsländer, Marken, Epochen, Lebensbereiche wie Sport, Transport, Freizeit – die Classic Days sollen so bunt sein wie das Oldtimer-Leben und so vielfältig wie unsere Gesellschaft. Auch in den Dekorationen sind die Classic Days eine Reise zurück in die Zeit. In die Zeit jener Autos, die bei den Classic Days zu erleben sind – und in unsere eigene Geschichte: der Kiosk mit alten Zeitungen, die Plaza mit alten Wahlplakaten von Konrad Adenauer und Ludwig Erhard hinter den »Wirtschaftswunder«-Autos.

Im Bereich »Jewels in the Park« präsentieren sich 55 ausgesuchte Fahrzeuge. Nach welchen Kriterien entscheiden Sie, welche Autos dort gezeigt werden?

Wir erhalten jedes Jahr sehr viele Bewerbungen von Besitzern, Sammlern und Museen zu den »Jewels in the Park«. Das Concours-Team unseres Vereins sucht dann besonders schöne und seltene Automobile aus. Dabei legen wir Wert auf eine möglichst gleichmäßige Verteilung entlang der FIVA-Klassen (Weltverband der Oldtimerklubs, Anm. d. Red.) von »A« für Ancestor bis »G« für junge Historie. Das umfasst Baujahresgruppen von 1885 bis 1986. Schwerpunkte sind große Namen, fast vergessene Marken und Einzelstücke, sogenannte Coachbuilding-Fahrzeuge ehemals berühmter Karosseriebauer. Dabei finden wir jährlich Sonderthemen wie Fahrzeuge der französischen Marke Facel Vega oder Karossen von Erdmann & Rossi aus Berlin. Auf der Orangerie-Halbinsel wollen wir Autos vorstellen, die sonst kaum der Öffentlichkeit zugänglich sind.

Mehrere Zehntausend Besucher und rund 7600 Oldtimer- und Liebhaberfahrzeuge versammelten sich 2016 bei den Classic Days. Wer organisiert dieses Mega-Event? Welche sind die Herausforderungen?

Es sind tatsächlich die rund 80 Vereinsmitglieder des Classic Days e. V., die bereits im Winter beginnen, die Veranstaltung vorzubereiten. Dazu gehört, dass wir auf Oldtimer-Messen wie der InterClassics in Maastricht und der Techno Classica in Essen präsent sind, Aussteller und Besucher ansprechen und informieren. Innerhalb des Vereins betreuen verschiedene Gruppen, jeweils mit einem Bereichsverantwortlichen, Themen wie »Concours«, »Dycker Feld«, »Nostalgic Journeys«, »Lovely Heroes« oder »Rundstrecke«. Mein Team bereitet das »Neue Fahrerlager« vor und sorgt für die punktgenaue Zuführung auf die Rundstrecke. Bei den regelmäßigen Vereinstreffen stimmen sich die Bereiche untereinander ab.

In den Wochen vor den Classic Days ist der ganze Verein am Schloss und baut die Dekorationen auf. Freilich dann mit Unterstützung weiterer Gewerke wie dem Zeltbau und dem Gartenbau der Stiftung Schloss Dyck. An den Veranstaltungstagen selbst unterstützen uns »Ehrenamtliche« etwa 200 freiwillige Helfer unentgeltlich bei der Durchführung. Natürlich kommen noch Rettungskräfte, Polizei und private Sicherheits- und Ordnungsdienste hinzu, da die Sicherheitsanforderungen gestiegen sind.

Cricklewood-Bentleys sind von 1919 bis 1931 gebaut worden.

▲ Die erste Vespa der italienischen Firma Piaggio kommt 1946 auf den Markt. Der Roller ist heutzutage ein beliebtes Lifestyle-Produkt.

Auch viele Automobilklubs finden ihren Weg zur Veranstaltung. Welche ragen besonders heraus und stellen einen Höhepunkt dar?

Ich denke, beim Classic Club Meeting auf dem Dycker Feld findet jeder seine Favoriten: Bei dem einen werden Kindheitserinnerungen wach, wenn er beim VW-Käfer-Klub vorbeigeht, bei dem anderen schlägt das Herz höher, wenn er sein Traumauto aus der Jugendzeit gleich mehrfach bei den Ford Capris oder Opel GTs entdeckt, und wiederum andere sehen hier live die italienischen Sportwagen, die sie früher nur aus dem Autoquartett kannten. Besonders auffällig ist natürlich der Benjafield's Racing Club mit Bentleys aus den 1920er und 1930er Jahren in der Classic Corner. Die »Bentley Boys« reisen alljährlich auf eigener Achse an und zeigen britischen Sportsgeist, wenn sie sich mit Konkurrenten ihrer Zeit wie Mercedes-Benz SSK messen.

Das Amphicar: Der deutsche Ingenieur Hanns Trippel beschäftigt sich seit den 1930er Jahren mit der Entwicklung von Schwimmwagen. 1961 geht sein Amphicar 770 mit einem Austin-Motor in Produktion, findet allerdings nur schleppenden Absatz.

In Deutschland nimmt die Gesamtzahl historischer Autos mit H-Kennzeichen jährlich zu – Tendenz steigend. Wie erklären Sie sich die anhaltende Begeisterung für Oldtimer?

In der heutigen Zeit kann man als Laie die Fahrzeugmarken kaum noch unterscheiden, alle Modelle einer Preiskategorie wirken ähnlich. Das ist bei Oldtimern anders. Früher legte man sicherlich mehr Wert auf Individualität als auf Aerodynamik. Es gab fantastische Karosseriebauer, wahre Künstler, die sich verwirklichen konnten, ohne zu bedenken, ob alles praktisch und benzinsparend war. Die Fahrzeuge hatten Ausstrahlung, sie hatten ein »Gesicht«, egal ob sportlicher Flitzer, praktisches Familienauto oder imposante Limousine. Wenn ich heute ein ausgefallenes, formschönes Fahrzeug suche, werde ich eher bei den Oldtimern fündig. Ein Oldtimer ist Ausdruck von Individualität.
Zudem gibt es rund um das Thema »Oldtimer« auch ein sehr reges Klub- beziehungsweise Vereinsleben. Hier kann man seine Freizeit mit Gleichgesinnten gestalten, sich austauschen oder gemeinsam schrauben. Das hat seinen besonderen Reiz.
Ob es aber wirklich nur die Begeisterung ist? Das bezweifel ich. Mittlerweile sehe ich leider immer mehr Menschen, die Oldtimer als Geldanlage sehen. Ich fürchte, dass sich dadurch die Szene verändert.

Was für ein Auto fahren Sie privat? Würden Sie dieses verleihen?

Ich weiß, was Sie jetzt hören möchten… Also, ich fahre privat einen Porsche Boxster. Ich habe eine Vorliebe für sportliche Cabrios. Ich genieße es, mir bei den ersten Sonnenstrahlen den Wind um die Nase wehen zu lassen – es müssen nicht unbedingt 25 Grad und mehr sein.
Ob ich mein Auto verleihen würde? Da bin ich eher zurückhaltend. Das heißt aber nicht, dass mein Auto ein »Familienmitglied« ist, es hat auch keinen Kosenamen.
Einen Straßen-Oldtimer besitzen wir zurzeit nicht. Wir haben mittlerweile eine Vorliebe für historische Formelfahrzeuge. Der Weg dorthin hat uns die letzten 30 Jahre zunächst über verschiedene Oldtimer aus den 1970er Jahren – mit denen wir auch

Urlaubstouren unternahmen –, dann über Vorkriegsmotorräder und einen Vorkriegskompressor MG geführt. Heute besitzen wir einen Formel Ford aus dem Jahr 1970 und einen Formel Junior aus dem Jahr 1962.

Ist Ihre Leidenschaft für historische Automobile nicht eher ein untypisches Hobby für eine Frau? Überwiegt im Verein Classic Days der Männer- oder Frauenanteil?

Trotz Gleichberechtigung ist es sicher immer noch ein Hobby, das mehr Männer als Frauen begeistert. Auch bei uns im Verein überwiegen die Männer. Aber ich fühle mich sehr wohl – obwohl wir Frauen in der Minderheit sind oder vielleicht gerade deshalb. Im Classic Days e. V. haben wir sowohl Frauen, die dieses Hobby gemeinsam mit ihrem Partner als auch andere, die es ohne Partner mit uns teilen.
Denn es gibt bei dem Festival viel mehr als Blech und Motoren, wo wir Frauen uns einbringen können. Was für uns zählt, ist die Arbeit an der gemeinsamen Sache.

▼

Sportwagen Morgan Plus 8: Die britische Morgan Motor Company hat diese »Klassiker« im Stil der 1930er Jahre von 1968 bis 2004 gebaut.

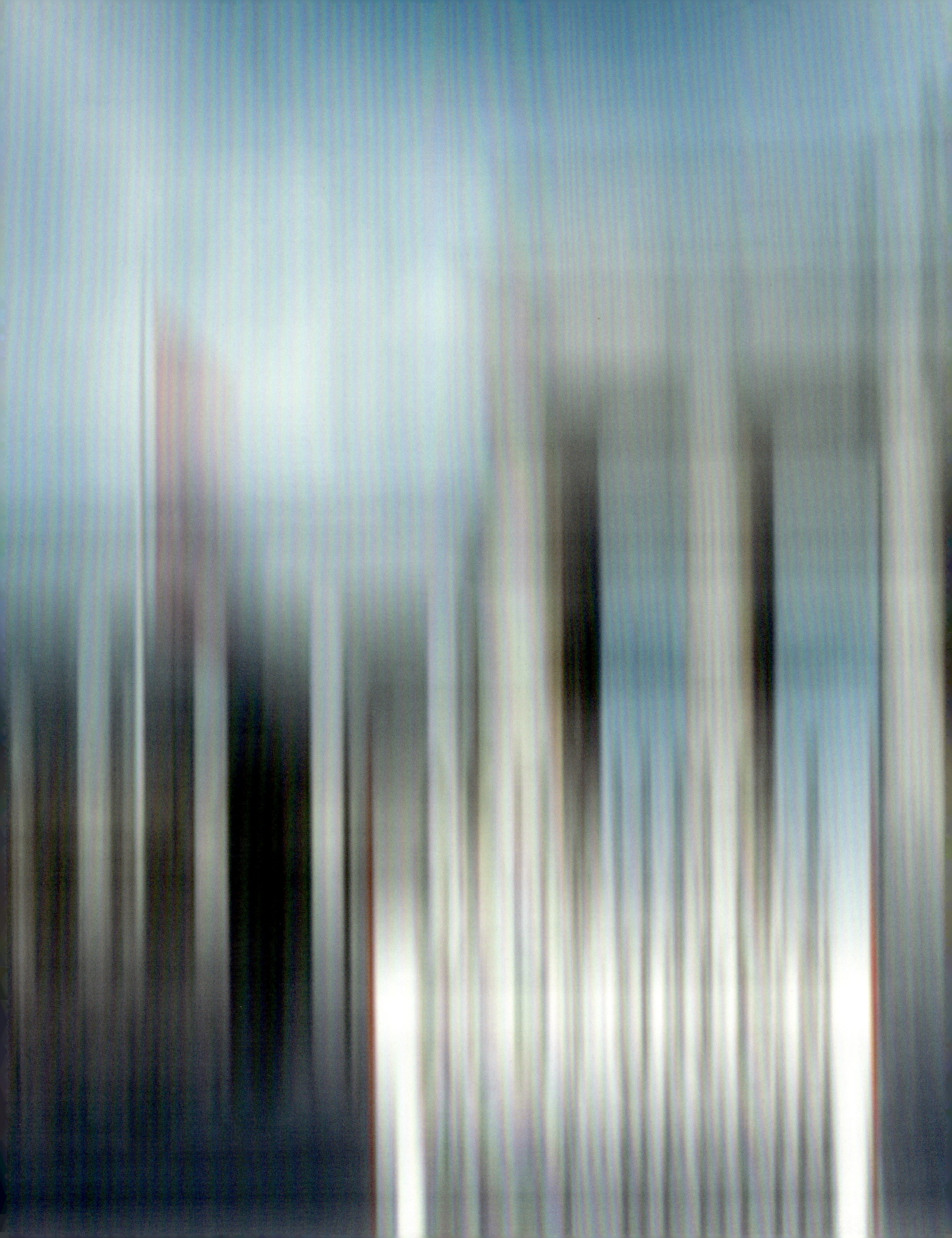

AUTO und Nation

ORIGINAL
WESTERN GERMANY

In den Materialschlachten des Ersten Weltkriegs, gefolgt von wirren Nachkriegsjahren, ging zwar, mit Ulrich Raulffs zu sprechen, »das letzte Jahrhundert der Pferde« zu Ende. Der Verbrennungsmotor als Antriebskraft triumphierte. Aber in Deutschland konnte von einem Triumphzug des Pkw keine Rede sein. Dafür waren die Einkommensverhältnisse von Otto Normalverbraucher viel zu gering. Nicht das Auto löste das Zeitalter der Pferdekutschen und der automobilisierten Herrenfahrer ab, sondern das Motorrad und das sogenannte Kleinkraftrad, später Moped genannt. Doch schon ein Motorrad der Marken NSU, Adler oder Wanderer, oft mit einem Beiwagen versehen, war eine beträchtliche Anschaffung. Ersatzweise behalfen sich sportliche junge Leute deshalb auch mit schwerfälligen, reparaturanfälligen Fahrrädern. Drei Jahrzehnte lang, von Mitte der 1920er Jahre bis in die zweite Hälfte der 1950er Jahre hinein – späte Weimarer Zeit, »Drittes Reich«, Besatzungsjahre, frühe Bundesrepublik – war nicht das Auto der Deutschen »liebstes Kind«, sondern das Motorrad der damals angesagten Marken Adler, BMW, Horex, NSU, Zündapp und wie sie alle hießen. Noch 1957, als der Automobilboom mit der Jahresproduktion von mehr als einer Million Personenkraftwagen voll in Schwung kam, wurden immer noch mehr Motorräder als Autos verkauft. Der deutsche Motorradfan aus der Arbeiterschaft oder vom Bauernhof war meist ein besonderer Typ: technikbegeistert und -kundig, vom Geschwindigkeitsrausch getrieben, wetterfest. Die meisten großen Länder in Europa hatten damals in Sachen Automobilisierung vor Deutschland die Nase vorn. Als deutschen

▲
Der ADAC wirbt in der *ADAC Motorwelt* für die »Kraftfahrstraße« zwischen Köln und Bonn.
Der Kölner Oberbürgermeister Konrad Adenauer eröffnet die Autobahn am 6. August 1932.

Das Plakat propagiert die Erfolge Adolf Hitlers bei der Motorisierung und ruft dazu auf, ihn am 29. März 1936 zu wählen.

Adolf Hitler und Ferdinand Porsche bei der Grundsteinlegung des Volkswagenwerks am 26. Mai 1938.

»Der Deutsche fährt nicht
wie andere Menschen.
Er fährt, um Recht zu haben.«

Kurt Tucholsky, Schriftsteller, 1929

»Motorisierungs-Sonderweg« diagnostizierte dies der Historiker Frank Steinbeck. Nicht ganz vergessen werden darf übrigens, dass zur gleichen Zeit auch das Fahrrad für Millionen wenig bemittelter Arbeiter, Angestellter, Schüler und Studenten die einzige Mobilitätsmaschine darstellte.

Allerdings wurden die Massen schon in den Jahrzehnten vor dem großen Autoboom mit Sehnsüchten nach einem eigenen Automobil angefüttert. Auto- und Motorradrennen erfreuten sich großer Beliebtheit. Es war aber vor allem die Politik, die nun für das Auto Propaganda machte. Wie Kaiser Wilhelm II. oder später Bundeskanzler Konrad Adenauer war auch Adolf Hitler ein Autofan, obschon er nie einen Führerschein erwarb. Zusammen mit seinen Spießgesellen raste er schon während der sogenannten Kampfzeit vor 1933 im luxuriösen Oberklasse-Mercedes durchs Land. Kaum war er an der Macht, forcierte er den Autobahnbau und propagierte jenes strapazierfähige, »autobahnfeste«, familiengerechte und preiswerte Automodell (990 Reichsmark). Ferdinand Porsche präsentierte dem Reichsverkehrsministerium 1934 ein *Exposé betreffend den Bau eines deutschen Volkswagens*. Der nach der nationalsozialistischen Organisation »Kraft durch Freude« (KdF) benannte KdF-Wagen sollte im neu zu errichtenden Werk im späteren Wolfsburg in hoher Stückzahl gebaut werden. Gigantismus war im »Dritten Reich« Trumpf. Das Volkswagenwerk sollte zum größten Automobilproduzenten Europas werden. Doch der Krieg war dem Diktator vordringlicher als die Herstellung eines Autos für das Volk. Als sich die Deutschen, genauer gesagt: jene, die überlebt hatten, 1945 in ihrem zertrümmerten und besetzten Land wiederfanden, waren sie erneut auf ein vor-automobilistisches Niveau zurückversetzt. Für die meisten war die Besatzungszeit eine Zwischenepoche, in der sie sich zu Fuß, in überfüllten öffentlichen Verkehrsmitteln oder als Fahrradfahrer auf hundertmal geflickten Pneus voranbewegten, während die amerikanischen Besatzer in ihren Jeeps oder in den bewunderten Blechkarossen von Chrysler und General Motors darauf aufmerksam machten, dass jenseits des Atlantik schon vor Jahrzehnten das Autozeitalter begonnen und die Städte, die Straßen, die Wirtschaft und die Mentalitäten verändert hatte.

Da die Mär nicht ausstirbt, die zeitgenössischen Deutschen seien sozusagen genetisch eine Autonation, muss doch an diese lange, verworrene Vorgeschichte erinnert werden.

DAS GOLDENE ZEITALTER DES AUTOS IN DEUTSCHLAND

Dann erst, in der zweiten Hälfte der 1950er Jahre, setzte jener fast ununterbrochene Automobilboom ein, der über mehr als ein halbes Jahrhundert hinweg trotz gelegentlicher Rückschläge kontinuierlich angehalten und aus der Bundesrepublik Deutschland das führende Autoland in Europa gemacht hat. Die inländische Produktion deutscher Hersteller wächst sozusagen im Millionentakt: 1957 war die erste Million erreicht, 1962 waren es schon 2,1 Millionen, 1969 dann 3,3 Millionen,

▲
Mit dem Käfer ins Grüne:
Der Bonner Fotograf
Jupp Darchinger hält 1957
einen Familienausflug fest.

► Der Opel Kadett A soll dem VW Käfer in der unteren Mittelklasse Konkurrenz machen. Produziert wird das Modell von 1962 bis 1965.

1985 wurde die Viermillionenmarke überschritten. Das Wachstum setzte sich zwar weiterhin fort. Doch viel spricht dafür, nur die drei Jahrzehnte von Mitte der 1950er bis zur Mitte der 1980er Jahre als Goldenes Zeitalter des Autos in Deutschland zu bezeichnen. Es ist auch nicht übertrieben, das damalige Verhältnis der Bundesbürger zum Auto als eine lange, kaum von Misstrauen oder Zank getrübte Liebesehe zu betrachten. Selbst so hochgestochene Bezeichnungen wie »das Auto als Teil der nationalen Identität« haben für diese Zeit eine gewisse Berechtigung.

Erst die 1980er Jahre markieren dann den Umschlag. Produktionskapazität und Automobilisierungsgrad nahmen zwar weiterhin zu, die Autoindustrie blieb einer der stärksten Wachstumsfaktoren und lehrte die Konkurrenz in England, Italien und Frankreich das Fürchten. Doch in der Bundesrepublik Deutschland selbst ging die zuvor vorherrschende Akzeptanz zu Ende. Das Auto wurde umstritten, und die Einstellungen polarisierten sich.

Doch zurück zu den Anfängen in den Jahren des »Wirtschaftswunders«. Als den Zeitpunkt, zu dem der Automobilboom unumkehrbar wird, könnte man das Jahr 1955 nennen, als im Wolfsburger Volkswagenwerk mit entsprechendem Werbegetöse der einmillionste Käfer vom Band lief. Es wäre jedoch verkehrt, den Siegeszug des Automobils nur auf den Volkswagen zu beschränken. Der Triumph des Autos über die Wettbewerber Motorrad und Fahrrad war nicht zuletzt das Resultat des Wettbewerbs zahlreicher Anbieter mit einer breiten Palette von Personenkraftwagen, beginnend mit den Kleinstwagen Isetta und Goggomobil bis zum Mercedes 300, dem Dienstwagen von Bundeskanzler Konrad Adenauer. Dass übrigens auch ihm zu guter Letzt einige Zweifel an der Motorisierung kamen, als der Höllenlärm bis zu seinem Rhöndorfer Rosengarten empor drang, sei am Rande bemerkt.

Politisch gesehen fiel das Goldene Zeitalter des Automobils in die Ära Adenauer. Doch diese war zugleich auch eine Ära Erhard. Erhards soziale Marktwirtschaft, die schließlich Massenwohlstand schaffte, war die Voraussetzung auch des bald beispiellosen Automobilbooms. Kein Wunder, dass Ludwig Erhard, ihr stolzer und wohlbeleibter »Vater«, gerne mit brennender Zigarre vor properen Kleinwagen posierte, um die Botschaft

»Wohlstand für Alle« zu illustrieren, oder – auch das war werbewirksam – vor den angesagten Automobilen der Oberklasse.

Für die meisten Käufer, die zu dieser Zeit ins Automobilzeitalter einstiegen, war der Komfort die Hauptattraktion. Selbst für die wettergehärteten Motorradrecken oder Fahrradfahrer war die Vision, wenn es regnet, ein Dach über dem Kopf zu haben, von großem Reiz. Im Auto ließ sich auch die Familie samt Gepäck und Hund verstauen. Preisgünstige Wochenendausflüge und Urlaubsreisen wurden nun möglich. Das »Wirtschaftswunder« mit Zuwachsraten, wie wir sie heute nur noch aus China kennen, ermöglichte dies. Erst jetzt wuchsen Millionen von Arbeitern, Beamten und Angestellten in eine Einkommenskategorie hinein, die den Autokauf erlaubte. Immer noch musste geduldig darauf hin gespart werden, doch umso stärker war der emotionale Bezug zum Auto. Nach den prioritären Anschaffungen für eine moderne Wohnung mit Kühlschrank, Elektroherd und Waschmaschine war es sozusagen das i-Tüpfelchen auf dem bisher unerreichten Luxus der »Wirtschaftswunder«-Jahre.

Das Auto wurde auch deshalb zum Lieblingsfahrzeug der Familie, weil es endlich preisgünstige und auch unvergessliche Urlaubsreisen ermöglichte – zunächst nach Bayern, Österreich, in die Schweiz oder an die Nordsee, dann zum »Teutonengrill« an der Adria, nach Jugoslawien und schließlich nach Spanien. Drei Generationen erfreuten sich dieser automobilistischen Urlaubserfahrung: die endlich zu gutbürgerlichem Wohlstand gelangte Kriegsgeneration, die Alterskohorten der Nachkriegsjahrgänge und jener Nachwuchs, der

▲
»Knutschkugel«, »Schlaglochsuchgerät« oder »Adventsauto«: Der Volksmund kennt viele Bezeichnungen für die BMW Isetta, die von 1955 bis 1962 gebaut wird.

Der Trabant als Familienauto: Die Broschüre aus dem Jahr 1981 informiert über Reisemöglichkeiten im Thüringer Wald.

ins Automobilzeitalter hineingeboren wurde. Florian Illies' nostalgischer Bestseller *Generation Golf* aus dem Jahr 2000 ist sozusagen ein Abgesang darauf.

Nicht unerwähnt bleiben darf, dass auch die in der DDR eingepferchten Deutschen im Trabant unter den spartanischen Bedingungen des real existierenden Sozialismus an dem Autoerlebnis jener Jahrzehnte auf ihre Weise partizipierten. Offenbar befriedigte das oft jahrelang erwartete Auto dort ein emotionales Bedürfnis. Anders wäre jene sentimentale Trabi-Ostalgie nicht zu erklären, die lange nach dem Untergang des SED-Staats die Vergangenheit verklärt.

Der Automobilboom in der frühen und mittleren Bundesrepublik war viel mehr als nur eine individuelle Erleichterung bei der Fahrt zum Arbeitsplatz, beim Einkaufen und zur Freizeitgestaltung. Der ungebremst wachsende Verkehr prägte nun auch das Gesicht der Städte, verband die Vorstädte und Dörfer im Umfeld mit den urbanen Zentren, relativierte die bisher so gravierenden Unterschiede zwischen Stadt und Land, nahm auch jenen langweiligen oder herben Regionen den Schrecken, in die sich Beamte und Angestellte im vorautomobilistischen Zeitalter nur widerstrebend versetzen ließen. Den Höhepunkt und zugleich schon den Beginn der Peripetie dieser Entwicklung, als bereits jährlich mehr als drei Millionen Personenkraftwagen von den Fertigungsbändern liefen, markierte der sogenannte Leber-Plan in den frühen 1970er Jahren. Georg Leber kam aus den Reihen der damals noch autotrunkenen Sozialdemokraten; er begann das Autobahnnetz so flächendeckend auszubauen, dass kein Ort weiter als 30 Kilometer von der nächsten Autobahnzufahrt entfernt ist.

Voraussetzung und natürliche Begleiterscheinung des Autobooms war die nunmehr zu einer Schlüsselindustrie der deutschen Wirtschaft aufwachsende Automobilindustrie, die bald auch die Konkurrenz in den anderen Automobilländern Europas und selbst im alt-etablierten Automobilland USA das Fürchten lehrt. Manchmal bringen amerikanische Thrillerautoren in ihren Bestsellern die zeitgenössische Stimmung besser auf den Punkt als kluge Wirtschaftshistoriker. Einer von ihnen ließ im Jahr 1973 einen sowjetischen Beobachter konstatieren, »daß Deutschland wieder einmal die leistungsfähigste Industrie der Welt besaß. Das ganze Land war eine einzige große moderne Fabrik, geführt von Männern, die mit dem Eroberergeist preußischer Generale die Absatzmärkte stürmten und von einem Heer von perfektionistischen Inge-

►
Hier fällt ein Haus, dort steht ein Kran und ewig droht der Baggerzahn oder Die Veränderung der Stadt: Mit seinen Bildertafeln übt Jörg Müller Kritik an den negativen Auswirkungen der Motorisierung auf das Stadtbild. 1977 steht das Buch auf der Auswahlliste für den Deutschen Jugendbuchpreis.

nieuren und Technikern flankiert waren. Hinter ihnen stand ein Heer von Arbeitern, die nicht ihresgleichen hatten an Pflichtgefühl und Qualitätsbewußtsein und sich völlig mit ihren Firmen, ihren Erzeugnissen und dem Erfolg beider identifizierten. Ein Alptraum der Marxisten – dieser deutsche Arbeiter mit seinem Volkswagen, seinem Farbfernseher und seinem Urlaub in Spanien [...]« (Paul Erdman, *Der Milliarden Dollar Schnitt*).

NACH DER LIEBESEHE DIE ENTFREMDUNG

So weit, so gut. Im Rückblick ist erstaunlich, wie lange bei einer großen Mehrheit der Deutschen die Liebesbeziehung zum Auto gehalten hat. Schließlich hat es auch im Goldenen Zeitalter des Automobils in der Bundesrepublik Deutschland an kritischen Stimmen nie ganz gefehlt – der Lärm, die Luftverschmutzung, »die gemordete Stadt« (Wolf Jobst Siedler) als Opfer von Stadtautobahnen, die Landschaftszerstörung, die Kostenlawine für den Ausbau der Verkehrswege, die Menschenopfer des Straßenverkehrs, das ungebremste Wachstum der Autos. In den 1980er Jahren führte schließlich ein ganzes Bündel solcher Unlustgefühle zur andauernden Kritik und zur Politisierung des Protests. Bürgerinitiativen revoltierten gegen Autobahnbau, Schnellstraßen, ja den Straßenbau überhaupt und für Geschwindigkeitsbegrenzungen, Lärmschutzanlagen, autofreie Fußgängerzonen und Radwege. Jetzt erlebte das vom Auto verdrängte Fahrrad sein Comeback.

Der Protest gegen die Motorisierung verband sich mit einer der großen neuen Tendenzen, welche die bisher vom technischen Denken dominierte Welt tief greifend veränderte. Die »ökologische Revolution« erfasste nun auch Deutschland. Allerdings gab sich das Auto nicht so leicht geschlagen. Bei genauerem Hinsehen ist immer noch deutlich erkennbar, »in welchem Maße der Handlungsspielraum der deutschen Umweltbewegung durch die Macht der Autolobby abgesteckt ist« (Joachim Radkau). Doch auf der Ebene der hohen Politik, auf allen Ebenen von Gesetzgebung und Verwaltung, begin-

◄
Der Deutsche Bundestag beschließt im April 1991 die »Verkehrsprojekte Deutsche Einheit« mit einem Gesamtvolumen von 75 Milliarden DM. Der Ausbau der Ost-West-Verbindungen fördert die Erschließung und Anbindung Ostdeutschlands. Die sechsstreifige Erweiterung der A 2 zwischen Hannover und Berlin ist 2001 beendet.

nend bei den Brüsseler EU-Institutionen über die Entscheidungsebenen des Bunds, der Länder bis zu den Kommunen, doch zuerst und zuletzt bei Millionen von Aktivbürgern, grassierte nun statt der bisher so radikalen, vielfach unreflektierten Technikbegeisterung ein radikales, oftmals gleichfalls unreflektiertes Umweltbewusstsein. Dieses verstärkte sich noch, als die von Zeit zu Zeit zum Größenwahn neigenden Deutschen schon in der Ära Helmut Kohls die Berufung verspürten, bei der Rettung des Weltklimas die globale Vorreiterrolle zu spielen und den CO_2-Ausstoß zu senken.

Es ist nicht zu stark überspitzt, auf dem Feld der Automobilproduktion die gut und gern drei Dezennien von Mitte der 1980er Jahre des letzten Jahrhunderts bis zur Gegenwart als Ringen zweier mächtiger Lobbys zu begreifen – der Lobby des Umweltschutzes und der Lobby der deutschen Automobilindustrie. Bald vollzieht sich das Ringen vor aller Augen, bald werden taktische Kompromisse geschlossen, die früher oder später scheitern, und immer bewegt sich die Politik in einem Irrgarten der Widersprüche. In Brüssel und bei der Gesetzgebung im eigenen Land wollen die Bundeskanzler und die Kanzlerin immer beides zugleich sein – Autokanzler und Klimakanzler.

»Deutschland ist seit langem grün«, beschrieb Hans-Werner Sinn schon im Jahr 2000 die Ära, in der Umweltschutz das Denken des politischen Mainstreams auch in Sachen Auto unangefochten bestimmte. Längst versuchte sich die Bundes-

Von Bremerhaven in die Welt: Kraftwagen und ihre Teile stellen mit 227 Milliarden Euro im Jahr 2015 mit Abstand den größten Anteil am deutschen Export dar.

regierung in entsprechend dirigistischer Industriepolitik. Die Lage war aber deshalb so paradox, weil die deutsche Autoindustrie in unseren grünen Jahrzehnten zu einer unverzichtbaren Konjunkturlokomotive geworden war. Ob man sie liebt oder nicht, es sind die global operierenden Autokonzerne Volkswagen, Mercedes und BMW, die sage und schreibe die Hälfte des deutschen Exportüberschusses erwirtschaften. Ohne seine Exporterfolge hätte Deutschland seit 2008 die weltweite Finanzkrise und die Eurokrise nicht einigermaßen unversehrt überstanden. Auch die Erträge aus der Auslandsproduktion deutscher Autohersteller sind unverzichtbar. Allein im Jahr 2015 war sie mit 9,3 Millionen Personenkraftwagen fast doppelt so hoch wie die Inlandsproduktion von 5,6 Millionen. Wenn es in Europa ein Land gibt, dessen konjunkturelles Wohl und Wehe in stärkstem Maß von dieser Schlüsselindustrie abhängt, dann ist das Deutschland.

Außer der Kernkraftindustrie und den Großbanken gibt es jedoch im Inland keine Branche, die gegen soviel Misstrauen und Abneigung zu kämpfen hat. Das Wort vom Auto als »der Deutschen liebstes Kind« klingt wie ein Märchen aus uralten Zeiten. Die veröffentlichte Meinung betrachtet es eher wie einen verlorenen Sohn, der fern der Heimat mit unschönem Verhalten Anstoß erregt, wie unlängst mit dem wahrlich nicht rühmlichen, aber auch nicht völlig aus dem Rahmen fallenden Skandal um manipulierte Abgaswerte in den USA.

Anders als im Goldenen Zeitalter des Automobils steht die Politik heute zum Auto in einem gebrochenen Verhältnis, der Heuchelei durchaus benachbart. Einerseits ist den hohen politischen Autoritäten die Unentbehrlichkeit der deutschen Autoindustrie voll bewusst, andererseits betrachten sie den doch vielleicht unklug überzogenen Klimaschutz als ein höchstes Staatsziel und ziehen seit Jahrzehnten die Garrotte der Umweltauflagen mehr und mehr zu, immer hoffend, dass sich die Unternehmen dank erprobter deutscher Ingenieurskunst irgendwie durchschummeln. Das tun diese auch. Doch wenn die Schummelei entdeckt wird, ist des öffentlichen Moralisierens kein Ende. Bundesregierung und Landesregierungen winden sich dann wie die Aale.

Und wie verhalten sich die normalen deutschen Bürger in diesem Labyrinth der Kontradiktionen, der Polemik und der auf allen Seiten nie ruhenden Desinformationskampagnen? Bekanntlich setzt sich die Figur von Otto Normalverbraucher

◄

Hessens Ministerpräsident Volker Bouffier, Bundeskanzlerin Angela Merkel und der Vorstandsvorsitzende der Porsche AG Matthias Müller betrachten auf der IAA im September 2015 eine Studie des Porsche Mission E, des ersten rein elektrisch angetriebenen Viersitzers des Unternehmens.

aus zahllosen Individuen einer pluralistischen Gesellschaft zusammen, in der die Meinungen und das Kaufverhalten politischer Korrektheit zum Trotz immer noch frei sind.

So finden sich weiterhin noch jene Millionen, auf die ein neues, technisch hervorragendes Auto immer noch seine Faszination ausübt. Die Verkaufsabteilungen der Autokonzerne wissen das und gestalten die Abholung eines Neuwagens wie eine Hochzeitsfeier, hoffend, dass diese Millionen bekennender oder schweigender Autofans bei der Stange bleiben.

Desgleichen finden sich weitere Millionen, die das Auto verabscheuen, vor allem die SUVs und andere Wagen der Oberklasse. Sie fühlen sich mit dem vorherrschenden Zeitgeist des ökologischen Zeitalters im Einklang, sie schwören auf die öffentlichen Verkehrsmittel und wollen noch in vorgerücktem Alter auf die riskante Fortbewegung mit dem Fahrrad nicht verzichten.

Zwischen diesen beiden Lagern befinden sich weitere Millionen, wahrscheinlich die Mehrheit, die emotionslos dann, wenn sie das für geboten halten, das Gebrauchsfahrzeug Auto benutzen, und die dann, wenn ihnen danach zumute ist, am Fahrradfahren ihren Spaß haben.

Jedenfalls sind die Zeiten der selbstgefälligen und selbstzufriedenen deutschen Automobilnation im Goldenen Zeitalter vorerst ferne Vergangenheit. Doch vielleicht ist die gebrochene Einstellung der heutigen Deutschen zum Auto symptomatisch für eine Nation, die auch auf anderen Feldern aus den größtenteils selbst verschuldeten Widersprüchen nicht mehr so recht herausfindet.

▲

In Folge des VW-Abgasskandals berichtet der *Stern*, dass sich jeder zweite Deutsche vor Imageschäden für die gesamte deutsche Industrie fürchte.

BLICK PUNKT

MANFRED GRIEGER

Deutscher Erinnerungsort VW Käfer

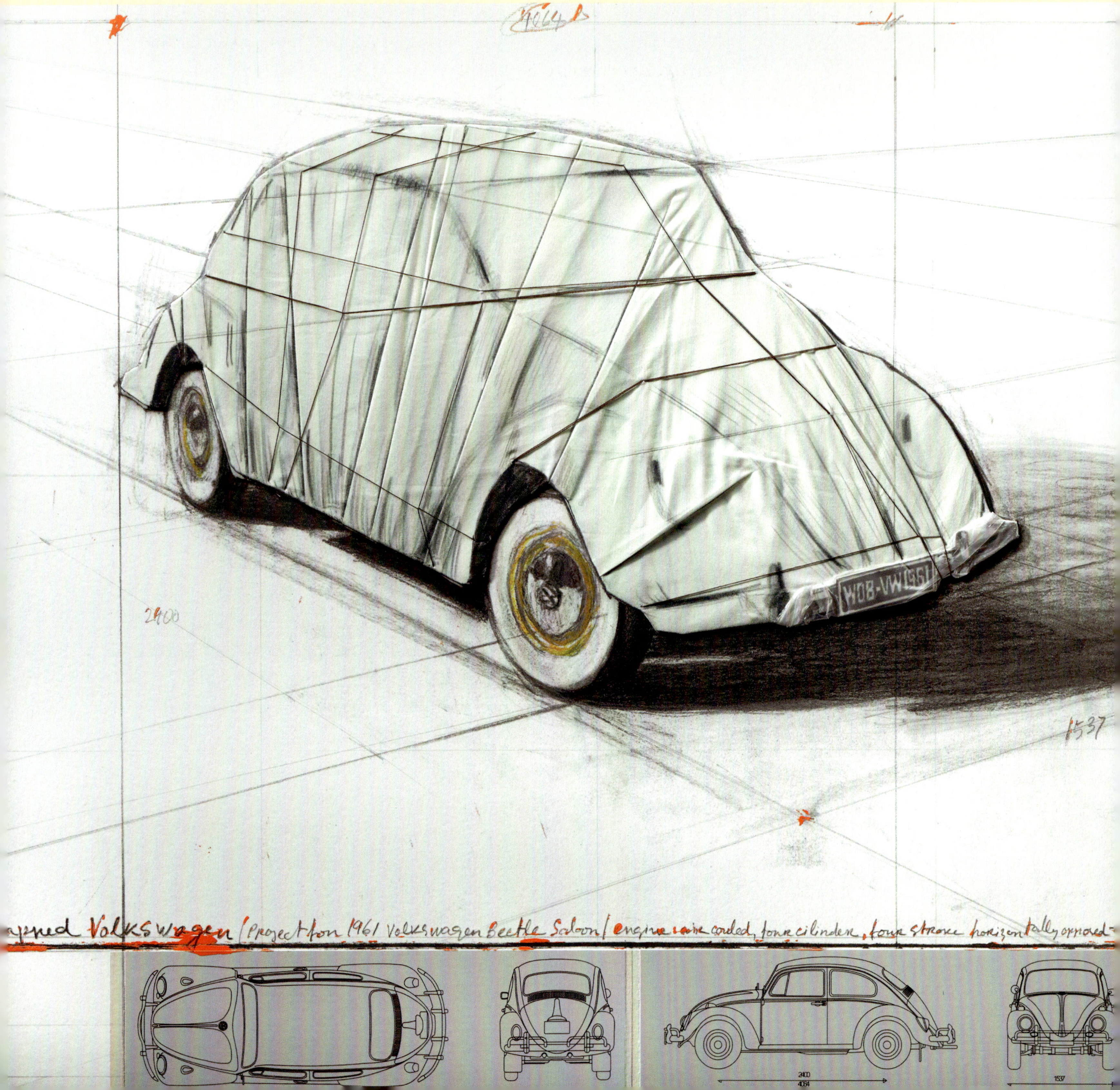

Ferdinand Porsche (links) überreicht Adolf Hitler (Mitte) zu dessen 49. Geburtstag am 20. April 1938 ein Volkswagen-Modell.

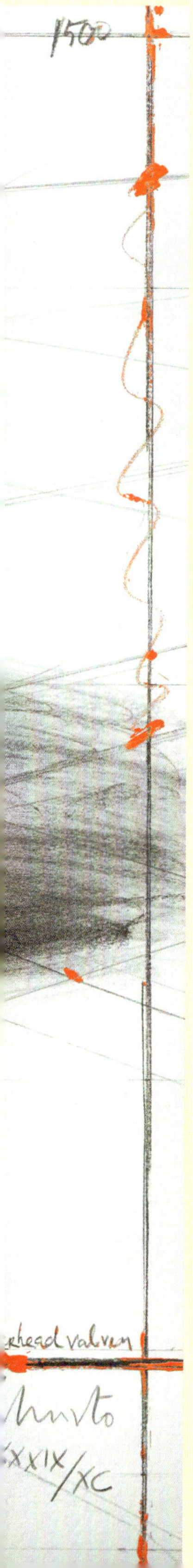

Dass die Volkswagen-Limousine zu den prägenden Erinnerungsorten Deutschlands gehört, hat 2001 der Berliner Literaturwissenschaftler Erhard Schütz entdeckt. Denn der nach 1934 von Ferdinand Porsches Konstruktionsbüro entwickelte, 1938 als Vorzeigeprojekt der Deutschen Arbeitsfront (DAF) der Öffentlichkeit präsentierte und erst in der Nachkriegszeit in Großserie hergestellte Volkswagen fuhr wegen der mit ihm verbundenen Zuschreibungen, Wahrnehmungen, Erfahrungen und Gefühle tief in den individuellen und gesellschaftlichen Erinnerungsbestand hinein.

Verkörperung der nationalsozialistischen Sozialutopie

Der zu konstruierende sympathisch-rundliche Wagen mit prägnanter Silhouette sollte der Basismotorisierung dienen. So definierte Ferdinand Porsche in seinem am 17. Januar 1934 dem Reichsverkehrsministerium vorgelegten Exposé ein »vollwertiges Gebrauchsfahrzeug« für vier Personen mit einer »autobahnfesten« Dauergeschwindigkeit von 100 km/h und einem Benzinverbrauch unter acht Litern auf 100 km. Vom Reichsverband der Automobilindustrie am

Wrapped Volkswagen: 1963 verhüllt der Künstler Christo einen VW Käfer. Zu dieser Aktion fertigt er 50 Jahre später eine Collage aus Papier, Stoff und Fäden.

Für die Motorisierung aller Deutschen wirbt dieser Prospekt 1938. Der KdF-Wagen soll 990 Reichsmark kosten.

Ab Sommer 1940 erfolgt die Auslieferung der Kübelwagen Typ 82 an die Wehrmacht, hier eine Aufnahme aus dem Jahr 1942.

Die Anstecknadel erinnert an die Grundsteinlegung des Volkswagenwerks durch Adolf Hitler nahe der Stadt Fallersleben.

22. Juni 1934 mit der Konstruktion eines »deutschen Volkswagens« beauftragt, orientierte sich das Konstruktionsbüro von Ferdinand Porsche beim Design der Ganzstahlkarosserie des 4,20 m langen, 1,55 m breiten wie hohen Fahrzeugs an der Stromlinienform. Der Mittelprofilrahmen mit hinterer Gabelung nahm im Heck den 23,5 PS leistenden, luftgekühlten Boxermotor mit 985 ccm Hubraum auf, der die Hinterachse antrieb. Zusammen mit der »Vollschwingachse«, der verkapselten Drehstabfederung und der gleichmäßigen Gewichtsverteilung gab das Auto durch seine »ganz ausgezeichnete Straßenlage« dem Fahrer auch beim Durchfahren »scharfer Kurven in hoher Geschwindigkeit« ein »außerordentliches Gefühl der Sicherheit«, wie die 1938 von der Volkswagenwerk GmbH herausgegebene Werbebroschüre *Dein KdF-Wagen* anpries. Als »Gesellschaft zur Vorbereitung des Deutschen Volkswagens mbH« am 28. Mai 1937 in Berlin als Unternehmen gegründet und im September 1938 in »Volkswagenwerk GmbH« umbenannt, diente der Volkswagen dem nationalsozialistischen Regime als Renommierprojekt der Sozialutopie einer automobilen »Volksgemeinschaft«. Er wurde mit großem Pomp als Hitlers Geschenk an die Deutschen inszeniert. Die DAF etablierte im August 1938 unter dem Dach der Freizeitorganisation »Kraft durch Freude« ein Ratensparsystem für den von Adolf Hitler als »KdF-Wagen« bezeichneten und für 990 Reichsmark bestellbaren Kleinwagen. Durch zentrale Propagandaaktionen und dezentrale Fahrzeugpräsentationen aufgefordert, unterschrieben bis Dezember 1939 insgesamt 272 397 Personen einen KdF-Wagen-Sparvertrag. Der bis Oktober 1944 nur unwesentlich auf 336 638 Verträge erhöhten Sparergesamtzahl stand eine äußerst marginale Produktion gegenüber. War schon der Erfolg des Sparprogramms außerordentlich begrenzt, gingen die ab Juli 1941 in eher handwerklicher Fertigung im »Hauptwerk« im heutigen Wolfsburg hergestellten 630 KdF-Wagen an die Statthalter des nationalsozialistischen Regimes und Prominente.
Als Kübel- und Schwimmwagen passend zum aggressiven Expansionismus militarisiert, wurde die nationalsozialistische Propaganda nicht müde, den militärischen Einsatz des auf technischer Basis der Limousine entwickelten Militär-Pkw vom Typ VW 82 als weitere Erprobung des KdF-Wagens auszugeben. Der Kleinwagen wirkte mithin als Nebelkerze einer Kanonen-und-Butter-Politik und verkörperte in seiner agitatorischen Überhöhung die visionären Wünsche vieler »Volksgenossen«.

Repräsentant des »Wirtschaftswunders«

Durch das Ende der nationalsozialistischen Herrschaft in eine neue Ordnung versetzt, »denazifizierten« nach 1945 die britische Militärregierung und die deutsche Unternehmensleitung das Fahrzeug und deuteten es zum Friedensprodukt um. Aber der Volkswagen stand in technischer Kontinuität, nutzte doch die ab 27. Dezember 1945 im Auftrag der Briten in Serie gefertigte Limousine den auf 1131 ccm Hubraum vergrößerten, im Kübelwagen bewährten Motor. Die blaugraue Lackierung des KdF-Wagens wurde mit der einsetzenden Belieferung der alliierten Militärverwaltungen, von deutschen Behörden und ersten Kunden wie Landärzten durch die Farben Dunkelblau, Perlgrau und Schwarz ersetzt. Das besser ausgestattete Exportmodell war dann ab

▲
Familienidyll auf dem Werbeplakat:
Der VW Käfer ist für viele Deutsche das erste »richtige« Auto.

Exportschlager:
Dieser »Brezelfensterkäfer« aus der Dauerausstellung des Hauses der Geschichte »läuft und läuft« von 1950 bis 1985 in Portugal.
1950 kostet er in der Exportversion 5450 DM, ein Industriearbeiter verdient im Monat etwa 265 DM.

1. Juli 1949 auch in Mittelbraun, Pastellgrün, Bordeauxrot und Schwarz zu haben.
Der Erfolg der Volkswagen-Limousine im In- und Ausland machte das Unternehmen gleichen Namens zu einem frühen Symbol der Konsumdemokratie und der »Wirtschaftswunder«-Gesellschaft. Volkswagen wirkte wie die realpolitische Verwirklichung der Erhard'schen Ankündigung vom »Wohlstand für Alle«. Der Käfer, so sein liebevoller, unter Anspielung auf die rundlich-gedrungene Form gewählter und aus der US-amerikanischen Bezeichnung »Beetle« in den 1960er-Jahren rückübersetzter Kosename, wurde zum Botschafter der jungen Bundesrepublik Deutschland und Repräsentant des sorgenden Staats. Die Bundesregierung, 1949 von der britischen Militärregierung zum Treuhänder des Unternehmens gemacht und ab 1960 Ankeraktionär des Unternehmens, wirkte zusammen mit dem Land Niedersachsen etwa über den Aufsichtsrat auf das vor allem der Mehrung von Arbeitsplätzen dienende Großunternehmen ein. Ganz nebenbei erfüllte der Käfer dank der fordistischen Großserienfertigung und der dadurch ermöglichten Preisreduzierung von 5 300 DM (1948) auf 3 770 DM (1957 bis 1961) den Forderungskatalog der Sozialdemokratie. Später beförderte das durch Anpassungsfähigkeit an gesellschaftliche Bedürfnisse charakterisierte Understatement-Fahrzeug auch die kritische Jugend zum Teach-in oder zur Landkommune. Der Käfer änderte sich durch regelmäßige Modellpflege und blieb doch wegen seiner Wiedererkennbarkeit und dem unveränderten Fahrzeugkonzept immer gleich: 1953 trat die ungeteilte, ovale Heckscheibe an die Stelle der geteilten »Brezel«-Scheibe. 1953 leistete der Boxermotor mit 1 192 ccm Hubraum 30 PS, 1964 schon 34 PS. Ab 1961 besaß auch das Standardmodell Blinker statt Winker, 1964 erhielt es zudem ein Vollsynchron-Getriebe.
Erhöhte amerikanische Sicherheitsstandards und einsetzende Emissionsvorgaben erforderten die Konstruktion eines neuen Vorderwagens und motortechnische Anpassungen, die 1970 zur neuen Modellbezeichnung VW 1302 führten. In der S- beziehungsweise LS-Version leistete der 1,6-Liter-Motor immerhin 50 PS, mehr als 11 Liter Verbrauch auf 100 km inklusive. 1971 erreichte die Käfer-Produktion mit 1 291 612 Einheiten ihr Allzeithoch.

Silhouette und Symbol einer automobilen Epoche

Spätestens das Aufkommen von Sondermodellen wie dem Jeans-Käfer deutete den Niedergang des Käfer-Zeitalters an. Nach seinem traumhaften Erfolg gab der lieb gewonnene Wagen auch der Krise Mitte der 1970er Jahre ein Gesicht. Dass der Käfer 40 Jahre nach seiner Konzeptentwicklung ältlich wirkte und bei Abgasen und Sicherheit nicht mehr den modernen Standards entsprach, also eher die Verkrustungen der frühen Bundesrepublik widerzuspiegeln schien, vertiefte bei Volkswagen die Umstellungskrise vom Käfer zum Golf. 1974 war in Wolfsburg, 1978 in Emden Schluss mit der Käfer-Produktion. Der letzte europäische Käfer lief 1980 in Brüssel vom Band.
Der globalisierte Käfer war Volkswagen und Volkswagen gleichsam Deutschland. Spiegelbild und Motor einer ganzen Epoche, brachte das erste Erfolgsmodell von Volkswagen dessen Markenwerte auf den Begriff: Langlebigkeit, Robust-

Dauerläufer: Die Werbung aus dem Jahr 1980 setzt auf Zuverlässigkeit.

heit, seine geradezu legendäre Wirtschaftlichkeit und die soziale Erreichbarkeit, schließlich die symbolische Überwindung von Klassengegensätzen durch das Auto für alle. Die ökonomische und politische Bedeutung des Allerweltwagens, seine Symbolfunktion und die Alltagsrezeption durch Millionen Fahrer und etwas weniger Fahrerinnen und ihre Familienangehörigen bündelten sich in der Selbstmythologisierung des gesellschaftlichen Versprechens der Breitenmotorisierung und der Freizeitgesellschaft. Die Zumutungen der Automobilität wie Unfalltote, Verkehrsinfarkte und Umweltbelastungen durch Produktion, Abgase und Ressourcenverschwendung blieben dabei außerhalb der Wahrnehmung.

Bereits vor dem Produktionsauslauf im Juli 2003 im mexikanischen Puebla ging der mehr als 21,5 Millionen Mal hergestellte Volkswagen gleichsam als globales Symbol des automobilen Zeitalters vom kommunikativen ins kulturelle Gedächtnis über. Dass Volkswagen den Übergang zur Ära der elektrifizierten Autos unter Hinweis auf die revolutionäre Bedeutung des Käfers aufzeigt, keine Fernsehdokumentation über den Nationalsozialismus oder die »Wirtschaftswunder«-Zeit ohne Fotos und Bewegtbilder des Käfers auskommt und weltweit Liebhaber an ihrem Oldtimer schrauben, aktualisiert zusammen mit dem lieferbaren Beetle des 21. Jahrhunderts auf unterschiedliche Weise den Käfer-Kult. Dadurch wird der deutsche Erinnerungsort um immer neue Legenden und Sinnstrukturen erweitert.

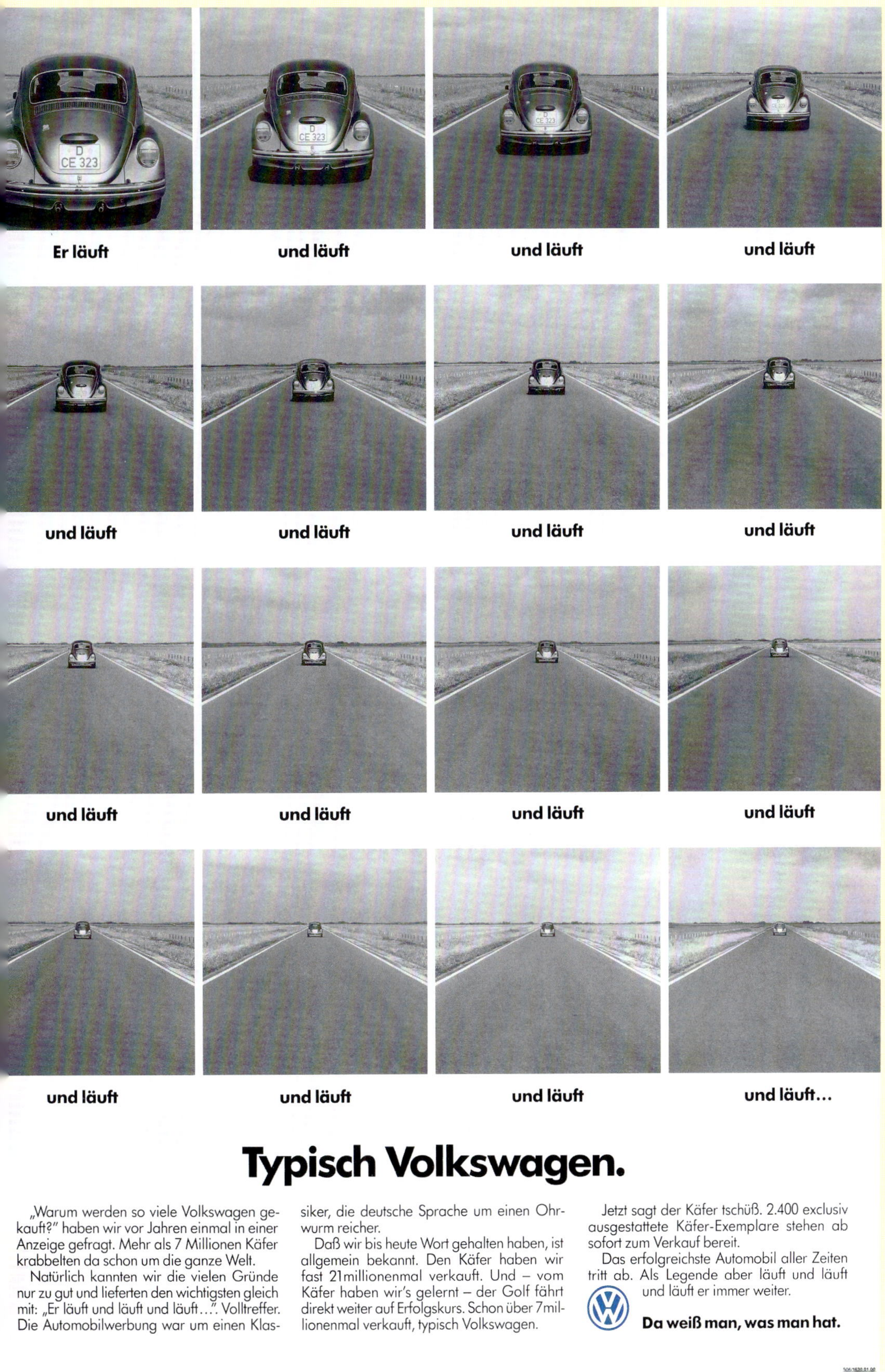

BLICK PUNKT

PETER KIRCHBERG

Deutscher Erinnerungsort Trabant

Werbung für den P 50 Trabant aus dem Jahr 1958.

Die »Geburt« des Kleinwagens P 50 Trabant war eine direkte Folge des Aufstands vom 17. Juni 1953, als die Bevölkerung in Ostdeutschland erstmals gegen das SED-Regime auf die Barrikaden gegangen war. Der Unwille der Massen galt dabei auch der im Mangel stagnierenden Wirtschaftslage, die ohne Aussicht auf Besserung erschien.
In der Reaktion darauf wandte sich die SED von der bisher praktizierten »Schmalhans«-Politik ab und bemühte sich stärker um die Versorgung der Bevölkerung mit »1 000 kleinen Dingen«, die bisher eben alle gefehlt hatten. Hierzu zählten nun auch gar nicht so kleine Motorräder und Pkw, an die man bisher überhaupt noch nicht gedacht hatte.
Nach leidvollen Kriegs- und Nachkriegsjahren prägten sich auch in der DDR wieder einige alte Ideale als Hoffnungsbilder aus, darunter das von der motorisierten Mobilität. Es knüpfte nahtlos an die Ideen der Vorkriegszeit an und mündete letztlich in der Vorstellung von einem 80 km/h erreichenden »Volks«-Wagen für vier Personen.

Der Trabant – Arbeiterauto und treuer Begleiter

Für die politische Führung des Landes waren solche Vorstellungen als Ausdruck von Wohlstand und Luxus zunächst indiskutabel. Mit dem 17. Juni und in immer stärkerem Maße durch das Gegenbild in der Bundesrepublik unter Druck geraten, sah sich das SED-Regime auch in dieser Beziehung zu einem gewissen Umdenken gezwungen. Motorisierung wurde nun als wichtiger Bestandteil des angestrebten höheren Lebensstandards toleriert.

Ihre Zustimmung zum Bau des Kleinwagens verbanden Partei und Regierung mit der Forderung, dies müsse unbedingt ein »Arbeiter-Auto« werden. Das hieß, der Wagen sollte in der niedrigst möglichen Preiskategorie angeboten werden, sehr robust und für eine Lebensdauer von zehn bis zwölf Jahren konzipiert sein sowie genügend Platz und Leistung bieten. Daraus ergab sich, dass der Wagen auf keinen Fall ein Kleinstwagen oder Rollermobil sein durfte, sondern eine echte »Familienkutsche« sein sollte. Der Preis wurde von Anfang an staatlich festgelegt. Er betrug für die Limousine 7 850 Mark, für den Kombi 9 300 Mark der DDR – und dabei blieb es bis zum Jahr 1986!

Das Schnittbild repräsentiert die erste Generation des Trabants als kompakte Limousine.

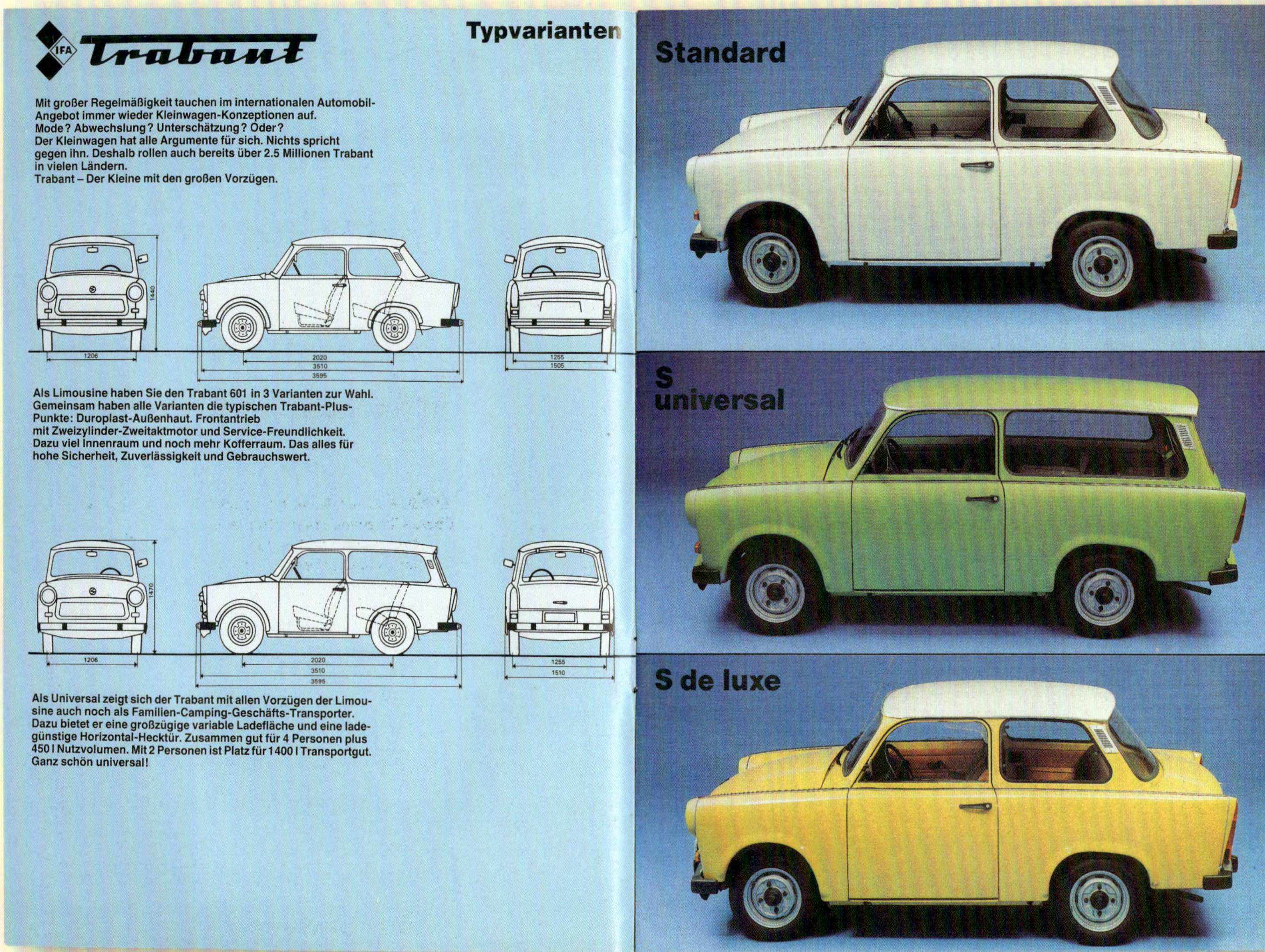

▲ Die Broschüre aus dem Jahr 1985 zeigt: Die Modellpalette des Trabants P 601 umfasst lediglich Limousine und Kombi.

Aus dem Mangel geboren: Duroplast

Im Sog der amerikanischen Embargo-Politik war auch das Tiefziehblech für den Karosseriebau auf die entsprechenden Export-Verbotslisten des Westens geraten. Ein eigenes Aufkommen gab es in der DDR selbst nicht. Daher mussten sich die sächsischen Automobilbauer etwas einfallen lassen…
In zahllosen Schritten entstand der aus Textilfaserschichten – mit dazwischen gestreutem pulverförmigen Phenolharz – unter Wärmezufuhr gepresste neue Karosseriebaustoff Duroplast.
Mit diesem Material konnte im November 1957 die Nullserienfertigung des P 50 beginnen. Zeitgleich erhielt der Wagen den Namen Trabant. 1963 erlebte das Auto seine Aufwertung zum P 601. Trotz restriktiver Auflagen – Fahr- und Triebwerk mit Radstand mussten unverändert bleiben – wurde das Fahrzeug deutlich länger und moderner. So ist er dann bis zum Ende der DDR über ein Vierteljahrhundert lang gebaut worden. Der Trabant war mit über drei Millionen Exemplaren der im Be-

▲
Schlechte Materialqualität und Verarbeitung machen den Trabant anfällig für Reparaturen. Da Ersatzteile und Werkstatttermine kaum verfügbar sind, muss auf die »Selbstreparatur« am Straßenrand zurückgegriffen werden, wie in dieser Aufnahme von 1980 in Ost-Berlin.

reich des Rats für gegenseitige Wirtschaftshilfe (RGW) am meisten gebaute Kleinwagen. Sein Zulassungsanteil in der DDR betrug im letzten Jahr vor der friedlichen Revolution 56 Prozent.
Mit den steigenden Einkommen und tendenziell – trotz gleichbleibender Preise – fallenden Kosten für Fahrzeugbeschaffung und Kraftstoffe explodierte in den 1980er Jahren die Nachfrage nach Pkw in der DDR, besonders nach dem Trabant. Die Lieferfristen wurden immer länger und erreichten 1985 etwa in Dresden circa 12 bis 13 Jahre.
In der DDR gab es zu dieser Zeit einen »Bestell-Stau« von über fünf Millionen Autos. Jährlich kamen maximal 200 000 Neuauslieferungen auf den Markt, was vier Prozent entsprach. Eine Erneuerung des Pkw-Bestands hätte somit 25 Jahre gedauert.
Die tatsächliche Lebensdauer des Trabants überstieg inzwischen die ursprünglich erwartete Zeit deutlich. Nach steueramtlichen Erhebungen waren um 1985 etwa 80 Prozent aller Trabants 16 Jahre nach der Erstzulassung immer noch im Einsatz.

»Trabi-Parade« in Potsdam 1985: Der Trabant prägt das Straßenbild der DDR.

Im Idealfall erreichte die maximale Fertigungskapazität im vollen Dreischichtbetrieb 610 Pkw am Tag. Nur trat dieser Idealfall immer seltener ein. Im VEB Sachsenring ist im Jahr 1989 der Tagesplan nur noch an 47 Prozent der Arbeitstage erfüllt worden. Die größten Probleme bereiteten dabei die hochgradig verschlissenen Produktionsanlagen. Maschinenausfälle, permanenter Arbeitskräftemangel sowie minderwertige Zulieferteile führten zu Warte- und Stillstandszeiten, die 1987 bei 125000 Stunden lagen. Zum Ausgleich musste die Betriebsdirektion Armee- und Studenten-Einsätze sowie Wochenend- und Sonderarbeiten organisieren, wodurch der Überstundenumfang auf 450000 Stunden anschwoll – ein Gleichnis für den Zustand der gesamten DDR-Wirtschaft!
In Zwickau stieß die Duroplast-Herstellung mittlerweile auch an ihre Grenzen. Die Anlagen waren über 25 Jahre alt. Niemand stellte sie mehr her. Ihre normative Nutzungsdauer war schon seit 1980 überschritten. Die Ersatzinvestitionen für neue Maschinen hätten in den letzten 20 DDR-Jahren etwa 120 Millionen Mark der DDR betragen. Die für Anlagen-Reparaturen tatsächlich aufgebrachten Summen erreichten bis 1989 fast 800 Millionen Mark der DDR.

Symbol der Freiheit

Für den nach langer Wartezeit überglücklichen Besitzer war der »Trabi« Beförderungs- und Transportmittel zugleich. Mit ihm ließen sich DDR-typische Versorgungslücken ausgleichen – der Kombi mit Anhängerkupplung galt hierfür landesweit als Optimum. Der Trabant erlaubte Urlaubsreisen im politisch möglichen Rahmen. Zum Balaton oder in die Hohe Tatra ließen sich Ersatzteile und Urlaubsverpflegung mitführen. Spezialwerkstätten wurden daher unterwegs nicht benötigt. Mit dem eigenen Trabi besaßen seine Besitzer die Freiheit, sich »in Grenzen« über die alltäglichen Nöte zu erheben. Er gehörte zur Familie und wurde als Kostbarkeit gehütet. Die jährliche Laufleistung lag bei durchschnittlich 6000 bis 8000 Kilometern. Und immer war er das, was sein aus der Raumfahrt abgeleiteter Name verhieß: ein treuer Begleiter.
Die Bilder gingen um die Welt, als die ersten Trabant-Autos mit ihren Besitzern 1989 zur Fahrt in die Freiheit aufbrachen – für viele der Autos sollte es die letzte Fahrt sein. Noch einmal aber sollten sie in der

Wende-Euphorie als »Auto des Jahres« zum Symbol der Hoffnung und des Freiheits-Triumphs werden. Die Welt war auch Zeuge, als nach 33 Jahren am 30. April 1991 der letzte von 3 096 099 Trabants in Zwickau vom Band ins Museum rollte. Nicht wenigen Mitarbeitern standen dabei die Tränen in den Augen, weil sie vor der bitteren Erkenntnis standen, dass ihnen keiner mehr die Autos abnahm, die sie selbst auch nicht mehr kaufen wollten. Sie trugen mit dem Auto symbolhaft ein ganzes System zu Grabe, an das sie mittlerweile gewöhnt waren, obwohl sie es oft beschimpft und verflucht hatten, an das sie irgendwann einmal Hoffnungen geknüpft hatten, die sich nun endgültig als historischer Irrtum erwiesen.

In der DDR war der Trabant zum Sinnbild des Mangels und des technischen Stillstands geworden, und er ist es bis heute geblieben. Von einst 2,2 Millionen Trabants sind heute gerade noch 20 000 unterwegs. Bevor der Trabant nach dem Mauerfall Kultstatus als Youngtimer erlangte, war er Zielscheibe zahlloser Spötteleien und Gegenstand einer Riesenwoge von einschlägigen Witzen. Der schwache Motor, die stinkenden Zweitakt-Abgase und seine Duroplast-Karosserie boten dafür viele Angriffsflächen. Für die – zuerst im Westen Deutschlands entstandene – Liebhabergemeinde, die heute etwa 250 Fanklubs weltweit umfasst, steht nicht die Nostalgie und noch weniger die Ostalgie, sondern das Spaß-Potenzial im Mittelpunkt, wofür der Trabant eine ergötzliche Grundlage bietet. Umgebaut zum Bratwurstwagen, Monster-Truck, Bierausschank oder Rennwagen erregt er die Heiterkeit der Betrachter, wenn sich die deutsche und internationale Trabantszene alle zwei Jahre in Zwickau trifft.

▲
Test the Best an der East Side Gallery in Berlin: Mit dem Titel verweist Birgit Kinder auf die vielen Menschen, die mit ihrem Trabant nach dem Mauerfall in die Bundesrepublik fahren und anschließend wieder nach Hause.

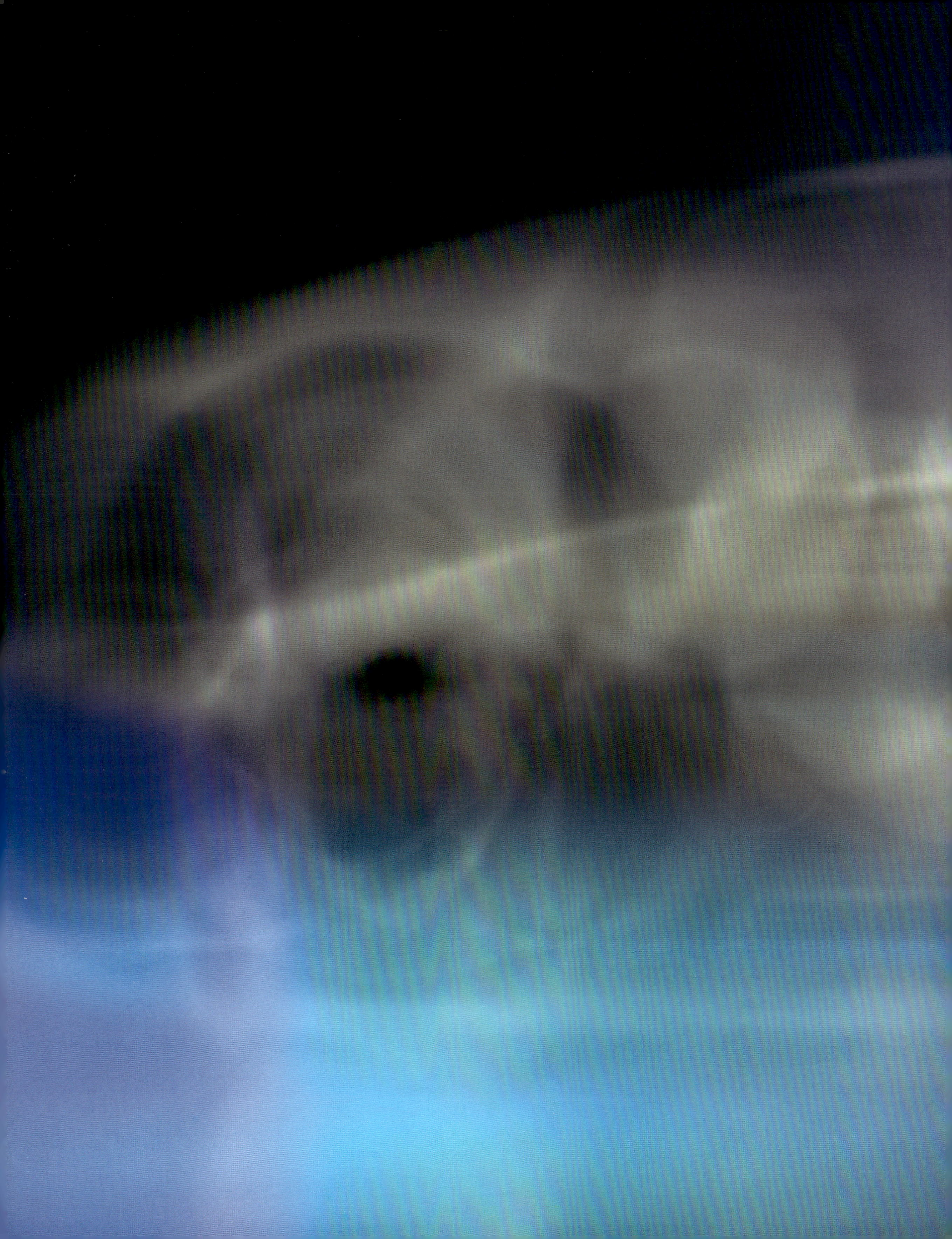

AUTO und Zukunft

ZEIT MAGAZIN

29. August 2013
Nr. 36

Der Tod eines Boulevardreporters S. 22

Was für Autos werden wir in Zukunft fahren?

DAS AUTO NEU DENKEN

FERDINAND DUDENHÖFFER

◄
Diskussion in den Medien: Das *Zeitmagazin* fragt 2013, wie das Auto der Zukunft sein soll, um Spaß zu machen und gleichzeitig sozial verträglich zu sein.

Seit Carl Benz und Gottfried Daimler hat das Auto in großen Metamorphosen immer wieder unter Beweis gestellt, wie innovativ und anpassungsfähig das System der individuellen Mobilität ist. Viele Entwicklungen waren mit Deutschland und dem »German Engineering« verbunden. Das deutsche Wort »Fahrfreude« wurde von den Amerikanern im Original »eingebürgert« und zum Begriff für deutsche Premiumautos. Seit 100 Jahren stehen Sechs-, Acht- oder gar Zwölfzylindermotoren für die Emotionen von Autos. In der Zukunft verdrängen Internet-Technologien, Software-Engineering, Hochleistungsstromspeicher und Flüssigkristalloberflächen den Stellenwert von klassischer Mechanik und Verbrennungsmotoren. Digitale Welten übernehmen die Rolle der emotionsgeladenen »realen Systeme«. Schon deshalb öffnet sich für das Auto und unsere Beziehung zum Auto eine völlig neue Welt. Ausführlich wird der große Umbruch des Autos und seiner Branche im neuen Buch *Wer kriegt die Kurve? Zeitenwende in der Autoindustrie* diskutiert.

▲
Ursprung des modernen Automobils: Arbeiter in den Ford-Werken in Detroit setzen ab 1913 am Fließband Bauteile zusammen.

▼
Im Dezember 2015 ist die Smog-Belastung in Peking so hoch, dass nur die Hälfte aller privaten Autos fahren darf.

»Mit selbstfahrenden Autos braucht nicht jeder seinen eigenen Wagen. Sie kommen einfach und holen dich ab.«

Sergey Brin, Präsident von Alphabet Inc., 2016

Ohne das Auto sind bedeutende gesellschaftliche Entwicklungen nicht vorstellbar oder wären völlig anders verlaufen. Das wird auch in der Zukunft so sein. In Ländern wie Deutschland und Japan verdienen Millionen Menschen durch und mit dem Auto ihr »Brot«. Gesellschaftliche Rangordnungen und Veränderungen werden von und mit dem Auto begleitet. Der Aufstieg Chinas zu einer neuen Weltmacht ist ebenso mit dem Auto verknüpft, wie es der Aufstieg der USA war. Individuelle Mobilität, und das ist in großen Teilen gleichbedeutend mit dem Auto, ist Schrittmacher für wirtschaftliches Wachstum. Wo die individuelle Mobilität mit dem Auto brachliegt, wie etwa in vielen Staaten Afrikas, existiert kaum Wachstum und oft bittere Armut. In keinem Land der Erde werden zukünftig mehr Autos verkauft werden als in China. Im Jahr 2015 fanden 20 Millionen neue Autos in China ihre Besitzer, um das Jahr 2030 werden im Reich der Mitte jährlich 40 Millionen Neuwagenkäufe erwartet. Nur zum Vergleich: In Deutschland werden es dann um die drei Millionen sein. Noch zwei Prozent aller weltweit verkauften Neuwagen werden um das Jahr 2030 in Deutschland ihre Käufer finden, während es in China dann gut 35 Prozent sein werden. China ist dabei, der Mittelpunkt der Autowelt zu werden, und unser deutsches Auto wird stärker »chinesisch«.

In zwei großen Wellen haben sich das Auto und seine Branche in den vergangenen 100 Jahren verändert. Mit der Einführung der Fließbandfertigung durch Henry Ford im Jahr 1913 wurde das erschwingliche Auto »erfunden«, das die Massenmotorisierung eingeleitet hat. Mit der japanischen Revolution der »Lean Production«, also der schlanken Prozesse, in den 1980er und 1990er Jahren ist das Denken in komplexen Wertschöpfungsketten und Qualitätsprozessen in die Autoindustrie eingezogen. Sowohl Henry Fords Fließband als auch die von Toyota angestoßene Umgestaltung der Wertschöpfungskette waren evolutionäre Veränderungen. Die Produkte der Branchen wurden in einem »kontinuierlichen Prozess« verbessert.

RADIKALE INNOVATIONEN

Heute stehen wir mitten in der größten Veränderung des Autos in den letzten 130 Jahren. Sie ist vergleichbar mit dem Aufbruch aus dem Droschkenzeitalter zum heutigen Auto. Amerikaner wie der Harvard-Ökonom Clayton Christensen beschreiben solche fundamentalen Umwälzungen als »Disruptive Innovations«, Erfindungen, die eine völlige Neuordnung von Produkten und Branchen mit sich bringen. Der österreichische Nationalökonom Joseph Schumpeter sprach zu Beginn des 20. Jahrhunderts von »schöpferischer Zerstörung«, die gnadenlos alte Strukturen aufbricht und schließlich zerstört. Nur durch die Zerstörung kann die Neuordnung stattfinden, so Schumpeter. Natürlich sind es keine isolierten Erfindungen, die das Auto neu gestalten, sondern die Disruptive Innovations sind in die großen technologischen Veränderungen unseres Jahrhunderts eingebettet: das World Wide Web, das Smartphone, winzig kleine Halbleiter, die nahezu unvorstellbare Datenmengen abspeichern und fast mit Lichtgeschwindigkeit Rechenoperationen ausführen, Sensortechnologien,

▲

Das »Google-Auto« ist ein Prototyp des »Self-driving Car«. Im Dezember 2016 gliedert Google die Entwicklung des autonomen Autos in die neu gegründete Tochterfirma Waymo aus.

Der fahrerlose Kleinbus Olli rollt seit 2016 über das Gelände des Euref-Campus in Berlin. Das Fahrzeug bietet zwölf Personen Platz und fährt 20 km/h.

die unseren Rechnern oder Computern schnellere, präzisere, bessere Wahrnehmungen der Umwelt ermöglichen, als der Mensch jemals leisten könnte, Hochleistungsenergiespeicher wie Lithium-Ionen-Akkus oder die Flüssigkristalle und organischen Leuchtdioden (OLED), mit denen Informationen und Bilder auf Oberflächen sichtbar werden. Dies sind einige der wegbereitenden Erfindungen und Entwicklungen, die es möglich machen, das Auto völlig neu zu denken.

Im Mittelpunkt der Neugestaltung stehen simultan gleich drei große naturwissenschaftliche und technische Erkenntnisfortschritte: Erstens, die Antriebsintelligenz – unsere Autos werden elektrisch und ohne Abgase fahren. Neue Energiespeicher wie Lithium-Ionen-Batterien sind die Basis dafür. Zweitens, die künstliche Intelligenz der Maschinen – wir marschieren schnurstracks in die Zeit des autonom fahrenden Autos. Roboter ersetzen bereits in Pilotprojekten den Autofahrer. Mit künstlicher Intelligenz werden wir völlig neue Qualitäten am Auto entdecken, Zeit gewinnen, statt durch das Festhalten des Lenkrads Lebenszeit wenig sinnvoll zu nutzen, und Autofahren auf eine völlig neue Sicherheitsstufe heben. Mehr als 1,3 Millionen Menschen sterben jährlich weltweit in Verkehrsunfällen. 95 Prozent dieser Unfälle sind auf menschliche Fehler zurückzuführen. Durch Einsatz von künstlicher Intelligenz in unseren Autos gelingt es, einen der größten Friedhöfe der Menschheit immer stärker – im Idealfall auf null – einzugrenzen. Die dritte große Innovation fußt auf der Schwarm-Intelligenz – Autos werden stärker gemeinschaftlich genutzt, der Wert des im Auto gebundenen Kapitals kann mehr Menschen zugänglich gemacht werden. »Sharing Economy« ist das Schlüsselwort, das den gesellschaftlichen Nutzen des Autos steigert und gleichzeitig öffentliche Verkehrsträger, wie den trägen und wenig innovationsfreundlichen Koloss der Deutschen Bahn, entwertet. Es ist nicht nur ein Produktionsprozess, wie bei der Lean Production der Japaner oder der Fließbandfertigung des Henry Ford, es sind nicht nur neue Produkte oder Motoren, die diese Zukunft des Autos ausmachen. Vielmehr entsteht eine Art neuer Kosmos der individuellen Mobilität.

AB 2030 NEUWAGEN NUR ALS ELEKTROAUTOS

Im September 2016 sorgte der Deutsche Bundesrat in seiner 948. Sitzung für eine Sensation. Ohne Gegenstimmen ging die Stellungnahme zur »Strategie für emissionsarme Mobilität« der EU-Kommission durch. Danach sollen Steuervorschläge unterbreitet werden, »damit spätestens ab dem Jahr 2030

Das Elektromobilitätsgesetz räumt Elektrofahrzeugen seit 2015 im öffentlichen Verkehr Sonderrechte ein, zum Beispiel spezielle oder vergünstigte Parkplätze zum Aufladen der Akkus.

»Elektromobilität bewegt weltweit«: Bei der gleichnamigen internationalen Konferenz im Mai 2013 »betankt« Bundeskanzlerin Angela Merkel ein Elektroauto.

CO_2-Emissionen pro Neuwagen in der Europäischen Union (EU 27)

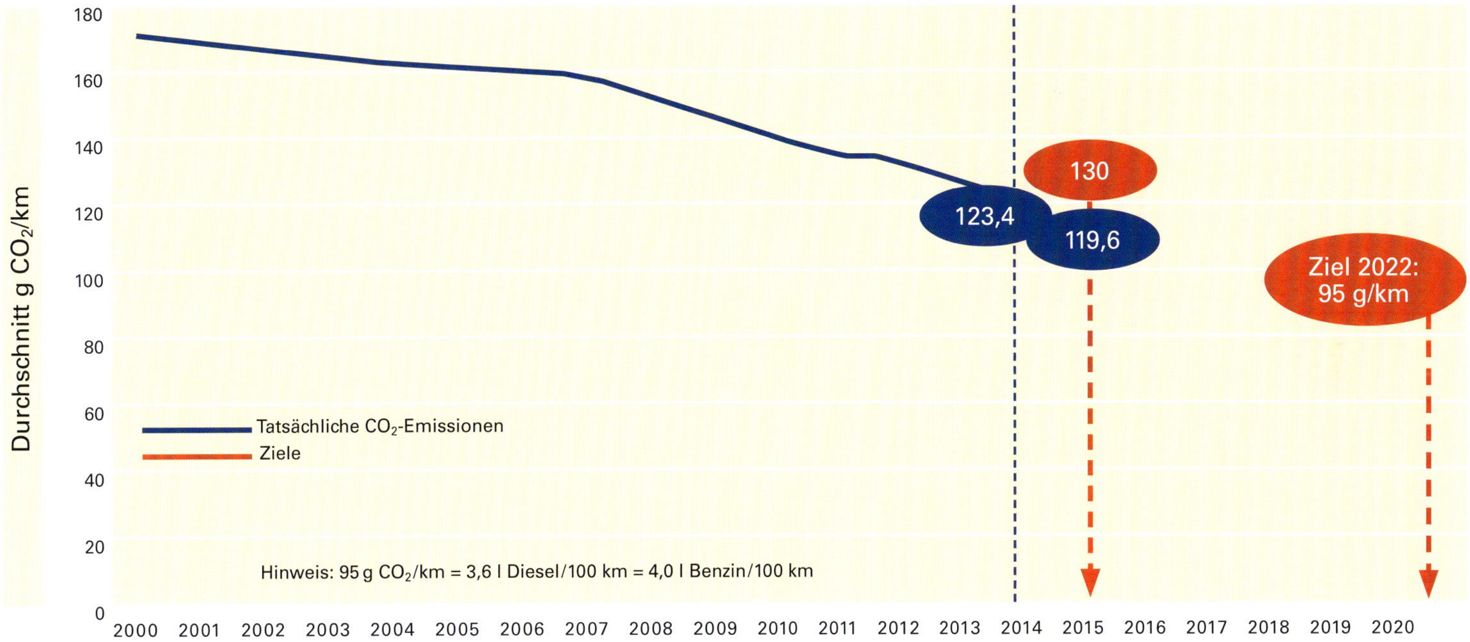

Quelle: Dudenhöffer, Ferdinand, *Wer kriegt die Kurve? Zeitenwende in der Autoindustrie*, Frankfurt a. M. 2016, S. 78.

unionsweit nur noch emissionsfreie Pkw-Neuwagen zugelassen werden«. Sicher, manche Ländervertreter waren gelangweilt oder übernächtigt (oder beides) und merkten gar nicht, was für ein brisantes Dokument sie durchwinkten. Aber wie auch immer: Mit dem Votum haben sie einen Geist aus der Flasche gelassen, der kaum mehr einzufangen sein dürfte. In den folgenden Tagen berichteten Medien in aller Welt, dass sich der Deutsche Bundesrat für ein Verbot von Benzin- und Diesel-Neuwagen ab dem Jahr 2030 ausgesprochen hat. Ausgerechnet im Heimatland von Rudolf Diesel und Nikolaus August Otto wird dem Verbrennungsmotor der Garaus gemacht. Dabei sind wir in Deutschland keineswegs die Ersten, die sich vom Verbrennungsmotor trennen. Bereits 2015 hatte Mary D. Nichols, die Chefin der mächtigen kalifornischen Umweltbehörde California Air Resource Board (CARB), postuliert, dass ab dem Jahr 2030 in Kalifornien keine Neuwagen mit Verbrennungsmotoren mehr zugelassen werden. Mittlerweile arbeiten auch in Norwegen und den Niederlanden die

Regierungen an konkreten Gesetzesvorgaben für den Ausstieg aus Diesel und Benzin. Noch vor dem Jahr 2025 werden die Mega-Cities in China wie Peking oder Schanghai Verbrennungsmotoren verbannen, denn nicht zuletzt China will mit einer sogenannten Leap-Frogging-Strategie die Stufe der Verbrennungsmotoren überspringen und das Land schnell für die nächste Stufe der emissionslosen Motorisierung mit Elektroautos zum Angelpunkt der Welt ausbauen.

Nicht das Aufzehren der Rohölreserven auf der Erde und der fossilen Energielagerstätten, wie in den 1970er und 1980er Jahren immer wieder behauptet, läutet den Abschied vom Benzin- und Dieselauto ein, sondern die Erhaltung der Lebensbedingungen auf der Erde, der Kampf mutiger Politiker gegen die Klimaerwärmung. Die vorstehende Abbildung zeigt den Stand der CO_2-Emissionen bei Neuwagen in Europa. Trotz großer Proteste der Autoindustrie hatte die EU-Kommission im Jahr 2007 die Forderung erhoben, dass Neuwagen ab dem Jahr 2015 im Schnitt weniger als 130 Gramm Kohlendioxid pro gefahrenen Kilometer ausstoßen. Das entspricht etwas mehr als 5 Liter Kraftstoffverbrauch pro 100 Kilometer. Nach den vorgeschriebenen Messtechniken wurde das Ziel mit 119,6 Gramm CO_2/km im Jahre 2015 deutlich unterschritten. Ab dem Jahr 2022 werden die Vorgaben weiter verschärft auf 95 Gramm CO_2/km. Dies entspricht etwa einem Verbrauch von 3,6 Liter Diesel auf 100 Kilometer. Auch dies zeigt, dass die Europäer am emissionslosen Auto nicht vorbei kommen.

Dabei hat »Dieselgate«, also die Nachwirkungen des VW-Dieselskandals in den USA, das Bewusstsein der Öffentlichkeit für die tatsächlichen Verbräuche der Fahrzeuge deutlich geschärft. Mit sogenannten Real Driving Emissions, also Fahrsituationen und Treibstoffverbräuchen im Alltagsbetrieb, will man zukünftig den Ausstoß von Schadstoffen messen. Ganz interessant: Der französische Autobauer Peugeot-Citroën hat seine meistverkauften Modelle Mitte 2016 mit den neuen »Praxisverfahren« nachgemessen mit dem Resultat, dass der tatsächliche Treibstoffverbrauch und damit die tatsächlichen Emissionen zwischen 40 und 50 Prozent über den heutigen Laborwerten liegen. Tatsächlich dürften die CO_2-Emissionen der Neuwagen des Jahrs 2015 in EU-Europa eher bei 170 Gramm CO_2/km statt der 119,6 Gramm CO_2/km liegen, legt man die Messerfahrungen des Peugeot-Citroën-Konzerns aus dem Jahr 2016 zugrunde. Auch dies spricht dafür, dass die Autobauer deutlich vor dem Jahr 2030 äußerst hohe Anteile an Elektroautos verkaufen müssen, um hohe Strafzahlungen an die EU zu vermeiden. Der Weg ins Elektroauto ist unumkehrbar.

TESLA ALS WEGBEREITER DES MODERNEN AUTOS

Nicht Ingolstadt, München, Stuttgart oder Wolfsburg ist die Geburtsstätte des modernen Elektroautos, sondern das kalifornische Silicon Valley. Eindrucksvoll hat der Start-up-Unternehmer Elon Musk mit seiner jungen Automarke Tesla gezeigt, wie das moderne Elektroauto aussieht. Das Tesla-Prinzip ist einfach und überzeugend: Keine Kompromisse durch soge-

▼ Tesla-Motors-Chef Elon Musk präsentiert das Model X, den ersten vollelektrischen SUV, am 29. September 2015 in der kalifornischen Produktionsstätte Fremont.

nannte Plug-in-Hybride, 500 Kilometer elektrische Reichweite, Schnellladezeiten von 20 Minuten und ein eigenes Ladesystem, das Autofahrern quer durch Europa ein schnelles Stromnetz sichert. Tesla ist mit diesem Konzept in weniger als drei Jahren eine hochemotionale Automarke geworden. Wie groß der Hype und die Kundenbegeisterung um Tesla und seine Elektroautos sind, hat im April 2016 die Vorstellung des Tesla Model 3 gezeigt. Das Fahrzeug soll Ende 2017, also erst 18 Monate nach seiner Vorstellung, in den USA für 35000 US-Dollar auf den Markt kommen. Innerhalb von zwei Wochen hatte Tesla nach eigenen Angaben 400000 Aufträge für das Auto gesammelt. Zum Vergleich: BMW hat im gesamten Jahr 2015 von seinen beiden Elektroautos BMW i3 und BMW i8 gerade 29500 Fahrzeuge verkauft. Mittlerweile sind alle deutschen Autobauer unterwegs, um so wie Tesla reine Elektroautos mit Reichweiten von 500 Kilometern und mehr bis zum Jahr 2020 auf den Markt zu bringen. Das Rennen um saubere Mobilität läuft.

DAS ROBOTERAUTO

Die zweite große Innovation für unsere Mobilität von morgen ist das Roboterauto. In vier US-Bundesstaaten ist es bereits möglich, mit Autos à la Google, also im Prinzip ohne Lenkrad, unterwegs zu sein. BMW hat im Sommer 2016 angekündigt, bis zum Jahr 2021 das vollständig autonom fahrende Auto in Serie zu produzieren, der Fahrdienstvermittler Uber will es gemeinsam mit Ford bereits zuvor in seinen Taxiflotten einsetzen. Und so sind seit Herbst 2016 im amerikanischen Pittsburgh autonome Taxen von Uber im Testeinsatz. Zwar sind die Taxen noch mit einem Fahrer und Lenkrad ausgestattet, aber das hat eher symbolischen Wert. Uber will das Vertrauen der Kunden gewinnen, deshalb der Fahrer, der eher eine Attrappe als wirklicher Akteur ist. Mit dem Roboterauto werden unsere Autos völlig neu gedacht. Der Innenraum für die Beifahrer, nicht der Motor oder das Lenkrad und der Fahrersitz sind die dominierenden Elemente des Roboterautos. Connectivity oder Vernetzung erhält erst mit dem Roboterauto einen Sinn, denn wir können jetzt die Zeit des Autofahrens für andere Tätigkeiten – wie Lesen, WhatsApp-Kommunikation, Video-Streams und vieles mehr nutzen. Der Inhalt des Begriffs Premium, die Emotion für das Auto, muss von Audi, BMW, Mercedes, Porsche oder Jaguar neu erfunden werden. Gleich-

◄ Etablierte Automobilhersteller und digitale Konzerne liefern sich bei der Entwicklung autonomer Fahrzeuge ein Wettrennen, das es auf den *Spiegel*-Titel 9/2016 schafft.

zeitig stellen sich mit der neuen Welt neue Fragen. Wie sieht es mit der Sicherheit des Computers Auto aus? Was passiert, wenn Autos gehackt werden? Wie können wir uns vor Hacking schützen? Das Thema »Cyber Security« erhält eine völlig neue Bedeutung für die Autobauer. In der alten Welt waren unsere Autos eine Art »Stand-alone«-Objekte, die isoliert bewegt wurden und so gut wie keine externe Datenkommunikation – etwa über das Internet – hatten. Das Roboterauto ist nur durch permanenten Echtzeit-Datenaustausch möglich – und damit auch möglicher Angriffspunkt für Hacker.

Neben dem Thema »Cyber Security« stellen sich Fragen aus dem Feld der Ethik. Darf eine Maschine, also unser Roboterauto, im Extremfall über Leben und Tod von Menschen entscheiden? Wie soll die Maschine in einer ausweglosen Situation entscheiden, bei der nur die Wahl bleibt, rechts einen Fußgänger oder links einen Radfahrer anzufahren und im schlimmsten Fall durch den Unfall zu töten? Wollen wir solche Entscheidungen wirklich in die Hände von Maschinen legen? Wenn wir genau darüber nachdenken, stellen wir fest, dass es diese ethischen Fragen seit 100 Jahren gibt und wir sie seither durch die Praxis beantwortet haben. Wenn wir heute ein Auto mit Airbag fahren, haben wir zugestimmt, dass der Airbag über unser Leben entscheidet. Denn es gibt Unfälle, die würden wir überleben, wenn der Airbag nicht auslöst, etwa wenn wir noch aus dem Wagen geschleudert werden, bevor er gegen die Betonwand fährt. Das reine Prinzip, wonach eine Maschine nicht über ein Menschenleben entscheiden darf, mag für die Philosophie interessant sein, ist aber weit weg vom wirklichen Leben. Jeden Tag entscheiden Maschinen über Leben und Tod – weil wir das so wollen und weil wir uns absolut sicher sind, dass durch die Macht der Maschine wesentlich weniger Menschen verletzt oder getötet werden als ohne sie. Die Technik ermöglicht uns das Roboterauto, und es wird einer der großen Fortschritte für die Menschheit werden. Ähnlich wie das Fliegen mit Flugzeugen, die ebenfalls fast vollständig von Robotern und nur in Ausnahmefällen vom Piloten gesteuert werden, erlaubt uns künstliche Intelligenz, eine neue Welt der individuellen Mobilität und des Autos zu betreten.

Die Tarife

Die Fahrtkosten errechnen sich aus Zeit- plus Kilometerpreis, der Treibstoff ist inklusive. Die einmalige Anmeldegebühr beträgt 30 Euro.

Basis-Tarif	XS	S	M	L
Zeitpreis				
Stunde Werktag (Mo 7 bis Fr 12 Uhr)	2,00	3,00	4,00	7,00
Stunde Wochenende (Fr 12 bis Mo 7 Uhr)	2,20	3,20	4,20	7,20
Nachtstunde (23–7 Uhr)	0,50	0,50	0,50	0,50
Tag (24 Stunden)	30,00	30,00	40,00	70,00
Kilometerpreis				
bis km 100 je km	0,24	0,24	0,24	0,24
ab km 101 je km	0,18	0,18	0,18	0,18

Ohne monatliche Grundgebühr; jede weitere Person 2,00 €
Für alle, die nur selten ein Auto brauchen.

Aktiv-Tarif	XS	S	M	L
Zeitpreis				
Stunde (7–23 Uhr)	1,10	1,70	2,20	4,90
Nachtstunde (23–7 Uhr)	0,50	0,50	0,50	0,50
Tag (24 Stunden)	21,00	21,00	29,00	49,00
Kilometerpreis				
bis km 100 je km	0,22	0,23	0,25	0,36
ab km 101 je km	0,16	0,16	0,16	0,21

Monatliche Grundgebühr 10,00 €; jede weitere Person 2,00 €
Ideal zwischen 60 und 250 km/Monat.

Comfort-Tarif	XS	S	M	L
Zeitpreis				
Stunde (7–23 Uhr)	1,00	1,50	2,00	4,00
Nachtstunde (23–7 Uhr)	0,50	0,50	0,50	0,50
Tag (24 Stunden)	19,00	19,00	27,00	40,00
Kilometerpreis				
bis km 100 je km	0,19	0,20	0,21	0,29
ab km 101 je km	0,13	0,13	0,13	0,19

Monatliche Grundgebühr 25,00 €; jede weitere Person 2,00 €
Ideal ab 250 km/Monat.

Preise in Euro inkl. MwSt.; gültig ab 01.10.2016

Weitere Tarife, auch für Unternehmen, finden Sie unter www.cambio-CarSharing.de.

Die Autos

Sie buchen cambio-Autos telefonisch, im Internet oder mit der cambio-App – rund um die Uhr, spontan oder weit im Voraus.

XS

Toyota Aygo

S

Ford Fiesta 5-türig

M

Ford Focus Kombi

VW Caddy

L

Transit Transporter

Der Blaue Engel

cambio wurde mit dem bekannten Umweltsiegel ausgezeichnet, denn die cambio-Flotte ist besonders CO_2-arm.
Jedes cambio-Auto ersetzt bis zu elf private Pkw, entlastet den Straßenraum und schafft so mehr Lebensqualität in der Stadt.

Die Stationen

Bonn	Station	Straße
Auerberg	SKM	Kölnstraße 367
Beuel	Konrad Adenauer	Tiefgarage K.-Adenauer-Platz 26–28
Endenich	Domagk	Gerhard-Domagk-Straße 3
	Hügel	Auf dem Hügel 20
Kessenich	Markus	Markusstraße 5–7
Nordstadt	Paul	Paulstraße 26
	Stadthaus	Berliner Platz 2
	Stift	Stiftsgasse 29
Poppelsdorf	Troll	Carl-Troll-Straße 31
Südstadt	Juridicum	Adenauerallee 48
	König	Königstraße 1
	Poppel	Poppelsdorfer Allee 49
	Talweg	Bonner Talweg 83
Weststadt	Kaufmann	Kaufmannstraße 34a

Die Vertriebsstellen

Lotto Toto Makhoul, Clemens-August-Str. 24–26, Mo–Fr 7:15–18:15 + Sa 7:15–13:30 Uhr
Presse & Tabak Heyer, Hausdorffstraße 161, Mo–Fr 7–18:30 + Sa 7:30–15 Uhr

● Station
▫ Vertriebsstelle

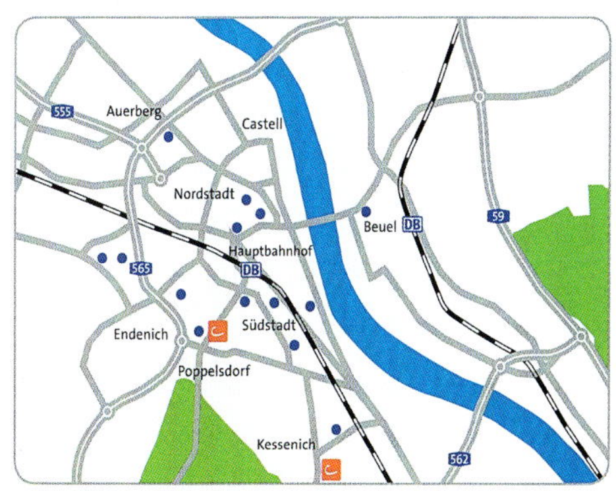

Stand Oktober 2016
Eine aktuelle Übersicht finden Sie auf unserer Website unter »Stationen«.

▲ Der stationsgebundene Carsharing-Dienst cambio bietet seinen Kunden in 21 deutschen Städten unterschiedliche Autoklassen zu zeit- und entfernungsabhängigen Tarifen an.

DAS GETEILTE AUTO

Mit dem Internet hat die sogenannte Sharing Economy einen enormen Aufschwung genommen. Unternehmen, wie der 2008 im Silicon Valley gegründete Community-Marktplatz für die Buchung und Vermietung von Zimmern und Wohnungen Airbnb, illustrieren den Aufstieg der Sharing Economy durch App-basiertes Internet. Mit Airbnb ist es möglich, nahezu kostenlos nicht genutzte Zimmer oder Wohnungen auf einem weltweiten Marktplatz anzubieten. Was zuvor nicht genutzt werden konnte, weil die Kosten etwa für Anzeigen viel zu hoch waren, ist jetzt denkbar. Das Airbnb der Autobranche ist Uber oder der chinesische Fahrdienstvermittler Didi Chuxing. Didi, wie die Chinesen sagen, hatte bereits im Jahr 2015 mehr als 300 Millionen Nutzer, die mehr als 1,4 Milliarden Kilometer mit dem Fahrdienst chauffiert wurden. Nach 2025 wird ein Großteil der Autos der Hailing-Services, wie sie auch genannt werden, autonom fahren. Das Auto fährt bei uns zu Hause vor, wenn wir es gerade brauchen. Kein Parkplatzproblem, keine Werkstatt und kein eigenes Auto, aber immer mobil, wenn wir gerade wollen, lautet eine mögliche Zukunft. Das »geteilte« Auto ist emissionslos und chauffiert intelligent. Mit ihm entsteht eine neue Branche. Den Autobauern bleibt die Wahl, entweder als Mobilitätsdienstleister in der neuen Welt ihren Platz zu finden oder zu Zulieferern für die Hailing-Services zu werden. Es könnte der Abschied vom Auto und seiner Industrie sein, so wie wir sie heute kennen. Die deutschen Konzerne BMW, Daimler und die VW-Gruppe bereiten sich mit hohen Investitionen auf diese Zukunft vor und haben in eigenen Start-ups wie Mytaxi, Car2Go, DriveNow oder durch Unternehmensanteile am israelischen Fahrdienstvermittler GETT die Weichen für diese Zukunft gestellt.

WAS BLEIBT?

Parkplatznot, Staus auf überfüllten Straßen, Unfälle mit Verletzten und Toten, Lärm- und Abgasbelastungen in Städten – unser Auto, so wie wir es heute kennen, hat »Nebenwirkungen«. Gleichzeitig besitzt das Auto, so wie wir es kennen, eine hohe Symbolkraft. Es ist Statussymbol, und sein Fahrersitz demonstriert Stärke. Es macht Dynamik erlebbar und ist fest verknüpft mit Wirtschaftswachstum. Zu Recht hat es der Philosoph Peter Sloterdijk als »das technische Zentralobjekt der Moderne« eingeordnet. Dieses Zentralobjekt wandelt sich revolutionär. Digitalisierung, künstliche Intelligenz, die Sharing Economy und neue Erlebniswelten bei der Reise von A nach B prägen die individuelle Mobilität von morgen. Es spricht alles dafür, dass das Auto morgen eine noch größere Bedeutung als heute einnimmt. Zentrale, gleisgebundene Verkehrsträger wie die Deutsche Bahn sind extrem störanfällig, kostenträchtig, innovationsmüde und bieten deutlich weniger Komfort beim Reisen. Sie werden in der Welt von morgen noch größeren Wettbewerbsnachteilen gegenüberstehen. Die Welt von morgen wird eine Welt sein mit noch mehr Autos – die aber mit den heutigen Autos wenig gemeinsam haben werden. Das Auto erfindet sich mal wieder neu für die digitale Welt.

▲

Zum 100. Geburtstag veröffentlicht BMW 2016 in der Studie *Vision Next 100* vier Fahrzeuge, die andeuten, wohin die Reise in den nächsten Jahrzehnten gehen soll. Autonomes Fahren, Konnektivität, aber auch Freude am Fahren sind die Schlagwörter.

BLICK PUNKT

INTERVIEW MIT BARBARA LENZ

Freude am Dahingleiten

◄
Fahrendes Büro und Wohnzimmer: Laut der Schweizer Firma Rinspeed zeichnet sich autonomes Fahren in Zukunft vor allem durch entspanntes Reisen und einen hohen Zeitgewinn aus.

►
Probefahrt für Journalisten: Seit September 2016 setzt Uber in Pittsburgh (USA) selbstfahrende Wagen ein. Noch befindet sich ein Fahrer hinter dem Steuer, der im Notfall eingreifen kann.

Frau Lenz, wie lange dauert es Ihrer Einschätzung nach, bis autonome Autos ganz selbstverständlich zu unserem Alltag gehören?

Bis selbstfahrende Autos wirklich selbstverständlich sind, wird es sicher noch eine ganze Weile dauern. Wir können zwar damit rechnen, dass ab den 2020er Jahren Autos auf den Autobahnen in Deutschland ganz ohne Zutun der Fahrerin oder des Fahrers unterwegs sein werden, aber das ist ja nur für wenige Menschen »Alltag«. Testfelder in Deutschland und Schweden oder auch Versuche mit Robotaxis in Singapur und Pittsburgh befeuern in jedem Fall die Erwartungen, dass bis zum Jahr 2030 die autonomen Fahrzeuge zu unserem normalen Lebensumfeld gehören. Dabei sollte man jedoch nicht vergessen, dass es recht lange dauern wird, bis tatsächlich alle Fahrzeuge selbstständig fahren können. Schließlich ist nicht damit zu rechnen, dass die vorhandenen Fahrzeuge – und das sind derzeit in Deutschland rund 45 Millionen Pkw sowie mehr als fünf Millionen Nutzfahrzeuge – von heute auf morgen durch selbstfahrende ausgetauscht werden. Bei etwas mehr als drei Millionen Pkw-Neuzulassungen im Jahr würde es von dem Zeitpunkt an, zu dem selbstfahrende Autos verfügbar sind, rein rechnerisch mindestens 15 Jahre dauern, bis alle Fahrzeuge selbstfahrend wären. Und dann müsste jede und jeder, der ein neues Auto kauft, ein selbstfahrendes kaufen.

Welche gravierenden Veränderungen ergeben sich dadurch für die Menschen und ihre Lebenswelt?

Die Menschen sind dieser neuen technologischen Entwicklung ja nicht einfach ausgeliefert. Vielmehr ist damit zu rechnen, dass es auch weiterhin die Wahl zwischen dem eigenen Fahrzeug, der Nutzung von öffentlichem Verkehr oder privatwirtschaftlichen Mobilitätsangeboten wie Carsharing geben wird. Also kann auch auf lange Sicht jede und jeder nach der eigenen Fasson mobil sein. Und wie heute wird es dabei auf persönliche Bedürfnisse und Präferenzen, aber auch auf die individuellen finanziellen Mittel ankommen. Wir können ziemlich sicher sein, dass mit der Möglichkeit, Fahrzeuge fahrerlos zu bewegen, die Vielfalt an Mobilitätsangeboten und -optionen zunimmt. Ein einfaches Beispiel, das unmittelbar an das Hier und Heute anknüpft: Man stelle sich vor, das Carsharing-Auto muss nicht mehr irgendwo abgeholt werden, sondern es kommt dann, wenn ich es brauche, vor meine Tür, und ich kann es »entlassen«, sobald ich an meinem Zielort angekommen bin. Das wäre die konventionelle Variante. Vielleicht ist ein solcher Dienst dann aber auch inbegriffen in meinem Abo des öffentlichen Nahverkehrs, oder ich nutze den Fahrdienst gemeinsam mit anderen, die zu ähnlichen Zeiten und auf ähnlichen Strecken unterwegs sind. Die Möglichkeiten der Kombination von digitalen Plattformen zur Koordination von Nachfrage und Angebot mit den Optionen, die selbstfahrende Fahrzeuge bieten, werden eine Reihe von neuen Geschäftsmodellen hervorbringen.

Welche Herausforderungen gilt es, auf dem Weg zum fahrerlosen Fahrzeug zu meistern?

Es steht außer Frage, dass selbstfahrende Fahrzeuge erst dann unterwegs sein können, wenn die rechtlichen Voraussetzungen dafür geschaffen sind. Das betrifft insbesondere die Gewährleistung der Sicherheit aller Verkehrsteilnehmer

Die Deutsche Bahn bietet mit Flinkster und Call a Bike sowohl Car- als auch Bikesharing an.

sowie die Fragen der Haftung, falls doch etwas passiert. Da Fahrzeuge immer wieder auch grenzüberschreitend unterwegs sind, lassen sich diese Fragen nur in einem ersten Schritt auf nationaler Ebene lösen. Vergleichbares gilt für die Datensicherheit. Darüber hinaus erwarte ich, dass es in puncto Datenschutz zu einer umfassenden gesellschaftlichen Diskussion kommen wird und kommen muss, um die richtige Balance zu finden zwischen Datenbereitstellung und -überlassung für ein sicheres Fahren und Schutz individueller Informationen.

Bedeutet das selbstständig fahrende Auto das »Ende der Freude am Fahren«? Übernimmt es die Macht über den Fahrer?

Die Maschine bemächtigt sich ja nicht des Menschen, vielmehr tritt sie dann in Aktion, wenn der Mensch diese Maschine, in diesem Fall das Fahrzeug, aus – so unterstelle ich – freien Stücken nutzt. Derzeit ist eine seriöse Prognose dahingehend, wie wir künftig in den Zeiten des selbstfahrenden Autos eben dieses Fahrzeug nutzen werden, nicht möglich. Verschiedene Szenarien zwischen weitgehender Ablehnung und großer Zustimmung sind möglich. Ich selbst halte es für ausgesprochen wahrscheinlich, dass wir uns mit der neuen Technologie arrangieren und uns neue Formen der Autonutzung aneignen. Aus der »Freude am Fahren« wird dann möglicherweise die »Freude am Dahingleiten«. Und schließlich eröffnet das selbstfahrende Auto neue Möglichkeiten der Zeitnutzung – vielleicht wird das der neue besondere Wert beim Autofahren.

Welche Rolle spielt die fortschreitende Digitalisierung für die weitere Entwicklung von Mobilität?

Wir sehen bereits heute, wie digitale Plattformen das Mobilitätsangebot, aber auch das Verhalten der Nutzerinnen und Nutzer beeinflussen und verändern. Neue Mobilitätskonzepte wie flexibles Carsharing, Bikesharing oder Ridesharing à la Uber wären ohne digitale Plattformen aufseiten der Anbieter und Smartphones seitens der Nutzer gar nicht möglich. Aber auch die konventionellen Systeme profitieren von den neuen digitalen Möglichkeiten. Besonders deutlich wird dies im öffentlichen Verkehr, dessen Zugänglichkeit so gut ist wie nie zuvor – zum einen durch die digitale Bereitstellung von Informationen, oft sogar in Echtzeit, zum anderen durch die Möglichkeit, Fahrausweise online zu erwerben und gleich einem konventionellen gültigen Fahrschein mit sich zu führen. Gerade hierbei findet derzeit eine interessante Entwicklung statt: Immer mehr Menschen nutzen das Smartphone, um unterwegs Fahrauskünfte einzuholen und Fahrkarten zu kaufen. Damit macht die Zugänglichkeit des öffentlichen Verkehrs einen weiteren wichtigen qualitativen Sprung nach vorne.

Welchen Anteil werden Sharing-Systeme im Verkehrssystem der Zukunft einnehmen?

Aktuelle Untersuchungen, wie die neue Carsharing-Studie vom Institut für Mobilitätsforschung (ifmo), gehen davon aus, dass Carsharing

▲ Eine Studie des Bundesverbands CarSharing aus dem Jahr 2016 soll zeigen, dass ein Carsharing-Fahrzeug bis zu 20 Personenkraftwagen ersetzen könnte. Dadurch würden Straßenzüge grüner.

auch in den kommenden Jahren eine Dienstleistung bleiben wird, die ein vergleichsweise kleiner Anteil der Bevölkerung in Anspruch nimmt. Carsharing als quasi flächendeckender Ersatz des Privatautos ist derzeit wenig wahrscheinlich. Allerdings wissen wir – und der Bundesverband CarSharing hat dies mit einer Untersuchung auch aufgezeigt –, dass Carsharing vor allem in dicht besiedelten städtischen Quartieren eine zusätzliche und wichtige Mobilitätsoption für Menschen ist, die multimodal, also mit unterschiedlichen Verkehrsmitteln, unterwegs sind und dabei auf das Auto für bestimmte Wege oder bestimmte Transportaufgaben nicht verzichten wollen. Deshalb ist es wichtig, dass wir Carsharing als Option haben und angesichts der Zuwanderung in die Städte auch weiter entwickeln.

Werden Menschen zukünftig noch Autos besitzen, wenn diese jederzeit und überall auf Knopfdruck via Smartphone verfügbar sind?

Diese Frage kann derzeit niemand beantworten, und als Wissenschaftlerin möchte ich nicht die Glaskugel bemühen. Nicht nur eine alltägliche Erfahrung von vielen, sondern auch wissenschaftlich nachweisbar ist die Bedeutung des Autos jenseits seiner Funktion als Transportmittel. Das muss nicht so weit gehen, dass man seinem Auto einen Kosenamen gibt. Aber ob selbst gefahren oder autonom unterwegs – in beiden Fällen stellt das Auto einen privaten »Raum« zur Verfügung, und es ist damit vom Konzept her grundsätzlich anders als der öffentliche Verkehr oder auch »geteilte« Fahrzeuge. Ob dieser private Raum künftig weniger Bedeutung, sei es aus Kostengründen oder aufgrund veränderter Einstellungen, haben wird – wir wissen es nicht. Ich vermute aber, dass der Verfügbarkeits-Knopfdruck allein nicht ausschlaggebend sein wird für die Entscheidung, ein eigenes Auto zu besitzen.

Anhang

AUTOREN UND INTERVIEWPARTNER

PROF. DR. PETER BORSCHEID
Jahrgang 1943, Historiker und Volkswirt, bis 2009 Professor für Wirtschafts- und Sozialgeschichte und Direktor des Instituts für interdisziplinäre Gerontologie und angewandte Sozialethik an der Phillips-Universität Marburg.

JOACHIM BREUNINGER
Jahrgang 1968, Historiker, seit 2010 Direktor des Verkehrsmuseums Dresden und seit 2014 Vorsitzender des Sächsischen Museumsbundes.

CLAUDIA DEFUHR
Jahrgang 1960, Assistentin des Vorstandsvorsitzenden der Stadtsparkasse Mönchengladbach, seit 2007 Vereinsmitglied Classic Days e.V., seit 2011 Vorstand Classic Days e.V.

PROF. DR. FERDINAND DUDENHÖFFER
Jahrgang 1951, Wirtschaftswissenschaftler, seit 2008 Direktor des CAR-Instituts an der Universität Duisburg-Essen, Inhaber des Lehrstuhls für allgemeine Betriebswirtschaftslehre und Automobilwirtschaft an der Universität Duisburg-Essen.

DR. MANFRED GRIEGER
Jahrgang 1960, Historiker, von 1998 bis 2016 Leiter der Historischen Kommunikation der Volkswagen Aktiengesellschaft und seit 2007 Lehrbeauftragter am Institut für Sozial- und Wirtschaftsgeschichte der Georg-August-Universität Göttingen.

DIPL. PSYCH. MICHA HILGERS
Jahrgang 1954, Psychoanalytiker, Gruppenanalytiker, Supervisor und Coach in Aachen.

DR. HANS WALTER HÜTTER
Jahrgang 1954, Historiker, Präsident und Professor der Stiftung Haus der Geschichte der Bundesrepublik Deutschland.

GÜNTHER JAUCH
Jahrgang 1956, Journalist und Produzent, von 1990 bis 2011 Moderator bei *stern TV*, seit 1999 Moderator von *Wer wird Millionär?*, von 2011 bis 2015 Produzent und Moderator der Polit-Talkshow *Günther Jauch*.

PROF. DR. PETER KIRCHBERG
Jahrgang 1934, Historiker, seit 1992 freiberuflicher Historiker, Vorsitzender des Beirats des August Horch Museums Zwickau, 1997 Gründungsmitglied der Automobilhistorischen Gesellschaft e. V.

DR. JOHANN-GÜNTHER KÖNIG
Jahrgang 1952, Sozialpädagoge, freiberuflicher Schriftsteller und Publizist, www.johann-guenther-koenig.de.

PROF. DR. DORIS KORTUS-SCHULTES
Jahrgang 1955, Wirtschaftswissenschaftlerin, seit 1992 Professorin für Betriebswirtschaftslehre, insbesondere Marketing und Handelsbetriebslehre an der Hochschule Niederrhein, seit 2003 Gründerin und Leiterin des Kompetenzzentrums Frau und Auto.

PROF. DR. BARBARA LENZ
Jahrgang 1955, Geografin, seit 2002 wissenschaftliche Mitarbeiterin am Institut für Verkehrsforschung des Deutschen Zentrums für Luft- und Raumfahrt in Berlin-Adlershof, seit 2007 Institutsleiterin, seit 2003 Inhaberin der DLR-Sonderprofessur für Verkehrsgeographie an der Humboldt-Universität Berlin.

PROF. DR. KURT MÖSER
Jahrgang 1955, Historiker, seit 2009 Professor für Neue und Neueste Geschichte mit Schwerpunkt Technikgeschichte am Karlsruher Institut für Technologie (KIT).

WOLFRAM NICKEL
Jahrgang 1960, Journalist, Verleger der autodrom publikationen, Herausgeber von *autosalon, autodrom* und *autoparade*.

ULRICH OP DE HIPT
Jahrgang 1953, Historiker, wissenschaftlicher Mitarbeiter der Stiftung Haus der Geschichte der Bundesrepublik Deutschland, Projektleiter der Ausstellung »Geliebt. Gebraucht. Gehasst. Die Deutschen und ihre Autos«.

GÖTZ ULRICH PENZEL
Jahrgang 1970, Historiker, seit 2003 Kurator im Bereich Schiff- und Luftfahrt und Bereichsleiter Sammlungen/Ausstellungen am Verkehrsmuseum Dresden.

PROF. DR. WOLFGANG RUPPERT
lehrte als Historiker seit 1983 an der Universität Bielefeld, seit 1988 als Professor für Kulturgeschichte, seit 1999 Professor für Kultur- und Politikgeschichte an der Universität der Künste Berlin, Forschungsschwerpunkte: Geschichte der materiellen Kultur sowie Geschichte des Künstlers.

PROF. DR. RAINER SCHÖNHAMMER
Jahrgang 1953, Psychologe, seit 1994 Professor für Psychologie der Gestaltung an der Burg Giebichenstein Kunsthochschule Halle (Saale).

PROF. DR. ANGELA SCHWARZ
Jahrgang 1962, Historikerin, seit 2006 Professorin für Neuere und Neueste Geschichte an der Universität Siegen, Mitglied im Wissenschaftlichen Beirat der Stiftung Haus der Geschichte der Bundesrepublik Deutschland.

PROF. DR. DR. H. C.
HANS-PETER SCHWARZ
Jahrgang 1934, Historiker und Politikwissenschaftler, Ordentlicher Professor für Politikwissenschaft an der Rheinischen Friedrich-Wilhelms-Universität Bonn, Mitglied im Wissenschaftlichen Beirat der Stiftung Haus der Geschichte der Bundesrepublik Deutschland.

STEFAN THIELE
Jahrgang 1956, Fachhändler für Teleskope und astronomische Instrumente, Motorjournalist und Buchautor.

LITERATURHINWEISE

Allert, Tilman, *Latte Macchiato. Soziologie der kleinen Dinge*, Frankfurt a. M. 2015.

Andersen, Arne, *Der Traum vom guten Leben. Alltags- und Konsumgeschichte vom Wirtschaftswunder bis heute*, Frankfurt a. M./New York 1997.

Bartels, Eckhardt/Manthey, Rainer, *Opel Typenkunde. Klein- und Mittelklassewagen ab 1962*, Bielefeld 2005.

Bickenbach, Matthias/Stolzke, Michael, *Die Geschwindigkeitsfabrik. Eine fragmentarische Kulturgeschichte des Autounfalls*, Berlin 2014.

Bloom, Philipp, *Der taumelnde Kontinent. Europa 1900–1914*, München 2009.

Borscheid, Peter, *Das Tempo-Virus. Eine Kulturgeschichte der Beschleunigung*, Frankfurt a. M. 2004.

Ders., *Am Tempolimit. Zur Geschichte der Autorennen*, in: Anke Heilbronner/Dietmar Wahlmann (Hg.), *»Dieser Vergleich ist unvergleichbar«. Zur Geschichte des Sports im 20. Jahrhundert*, Essen 2014, S. 21–44.

Bourdieu, Pierre, *Die feinen Unterschiede. Kritik der gesellschaftlichen Urteilskraft*, Frankfurt a. M. [8]1996.

Diez, Willi, *Tradition und Marke. Erfolgsfaktoren in der Automobilindustrie*, Bielefeld 2008.

Dudenhöffer, Ferdinand, *Wer kriegt die Kurve? Zeitenwende in der Autoindustrie*, Frankfurt a. M. 2016.

Dünnebier, Michael/Kittler, Eberhard, *Deutsche Autos. Alle Personenwagen und Nutzfahrzeuge der DDR*, Stuttgart 2006.

Fack, Dietmar, *Automobil, Verkehr und Erziehung. Motorisierung und Sozialisation zwischen Beschleunigung und Anpassung 1885–1945*, Opladen 2000.

Fraunholz, Uwe, *Motorphobia. Anti-automobiler Protest in Kaiserreich und Weimarer Republik*, Göttingen 2002.

Gatejel, Luminita, *Warten, hoffen und endlich fahren. Auto und Sozialismus in der Sowjetunion, in Rumänien und der DDR (1956–1989/91)*, Frankfurt a. M. 2014.

Gieriger, Klaus, *Totalschaden. Das Autohasserbuch*, Frankfurt a. M. 2010.

Giesen, Norbert, *Das große Opel-Manta-Buch*, Königswinter 2013.

Glaser, Hermann, *Das Automobil. Eine Kulturgeschichte in Bildern*, München 1986.

Gloor, Roger, *Alle Autos der 80er Jahre*, Stuttgart 2012.

Grieger, Manfred (Hg.), *Käfer ade. Das Buch von Volkswagen zum Bandablauf des letzten Käfer in Mexiko*, Wolfsburg 2003.

Ders./Gutzmann, Ulrike (Hg.), *Vom Käfer zum Weltkonzern. Die Volkswagen Chronik*, Wolfsburg 2014.

Heine, Hartwig/Mautz, Rüdiger/Rosenbaum, Wolf, *Mobilität im Alltag. Warum wir nicht vom Auto lassen*, Frankfurt a. M./New York 2001.

Hilgers, Micha, *Total abgefahren. Psychoanalyse des Autofahrens*, Freiburg/Basel/Wien 1992.

Holte, Hardy, *Rasende Liebe. Warum wir auf das Auto so abfahren (und was wir dabei bedenken sollten)*, Stuttgart/Leipzig 2000.

Ihling, Horst, *DDR-Legende Wartburg*, Bielefeld 2010.

Jungwirth, Nikolaus/Kromschröder, Gerhard, *Die Pubertät der Republik. Die 50er Jahre der Deutschen*, Frankfurt a. M. 1978.

Kirchberg, Peter, *Plaste, Blech und Planwirtschaft. Die Geschichte des Automobilbaus in der DDR*, Berlin [3]2005.

Ders., *Der automobile Mangel – Anmerkungen zu den Grundlagen der Autokultur in der DDR*, in: Gert Schmidt/Gotthard Bechmann/Werner Rammert (Hg.), *Technik und Gesellschaft. Jahrbuch 10: Automobil und Automobilismus*, Frankfurt a. M./New York 1999.

König, Johann-Günther, *Die Autokrise*, Springe 2009.

Ders., *Die Geschichte des Automobils*, Stuttgart 2010.

Kortus-Schultes, Doris (Hg.) u. a., *Schriftenreihe des Kompetenzzentrums Frau und Auto 1–14*, Göttingen 2008–2015.

Kraemer, Brigitte, *Mann und Auto*, Essen 2007.

Kremer, Rüdiger/Rumpf, Wolfgang (Hg.), *Baby, won't you drive my car? Dichter am Steuer*, Frankfurt a. M. 1999.

Krone, Michael, *Straßen der DDR*, Bielefeld 2008.

Kühschelm, Oliver/Eder, Franz X./Siegrist, Hannes (Hg.), *Konsum und Nation. Zur Geschichte nationalisierender Inszenierungen in der Produktkommunikation*, Bielefeld 2012.

Kriegeskorte, Manfred, *Automobilwerbung in Deutschland 1948–1968. Bilder eines Aufstiegs*, Köln 1994.

Kuhm, Klaus, *Das eilige Jahrhundert. Einblicke in die automobile Gesellschaft*, Hamburg 1995.

Landesmuseum für Technik und Arbeit (Hg.), *Lust am Auto*, Mannheim 2004.

Lenz, Barbara, *Gesellschaftliche und individuelle Akzeptanz des autonomen Fahrens*, in: Markus Maurer u. a. (Hg.), *Autonomes Fahren. Technische, rechtliche und gesellschaftliche Aspekte*, Wiesbaden 2015, S. 639–660.

Lewandowski, Jürgen, *Opel. Typen und Geschichte*, Augsburg 1998.

Marsch, Peter/Collet, Peter, *Der Auto-Mensch. Zur Psychologie eines Kulturphänomens*, Olten/Freiburg i. Br. 1991.

Meier, Bruno, *Autolust. Ein Buch über die Emotionen des Autofahrens*, Baden 2002.

Merkel, Ina, *Der Trabant*, in: Martin Sabrow (Hg.), *Erinnerungsorte der DDR*, München 2009.

Misik, Robert, *Das Kult-Buch. Glanz und Elend der Kommerzkultur*, Bonn 2007.

Mommsen, Hans/Grieger, Manfred, *Das Volkswagenwerk und seine Arbeiter im Dritten Reich*, Düsseldorf 1996.

Morenno, Axel/Nickel, Wolfram (Hg.), *autosalon 22–autosalon 62. Daten, Preise, Ausstattungen aller Pkw in Deutschland*, Bonn/Meckenheim 1971–2016.

Möser, Kurt, *Geschichte des Autos*, Frankfurt a. M./New York 2002.

Pelters, Sarah, *Identifikationsmerkmal Automobil bzw. Identifikation und Nutzen. Die theoretisch-emotionale Bedeutung des Autos*, in: *Journal of New Frontiers in Spatial Concepts* 1 (2009), S. 112–118.

Pospiech, Thomas, *Alles über Autos. Mit einem Vorwort von Det Müller*, München 2013.

Radkau, Joachim, *Die Ära der Ökologie. Eine Weltgeschichte*, München 2011.

Rieger, Bernhard, *The People's Car. A Global History of the Volkswagen Beetle*, Cambridge/London 2013.

Rinn, Gregor, *Das Automobil als nationales Identifikationssymbol – zur politischen Bedeutungsprägung des Kraftfahrzeugs in Modernitätskonzeptionen des »Dritten Reichs« und der Bundesrepublik*, Phil. Diss. Humboldt-Universität Berlin 2008.

Ruppert, Wolfgang (Hg.), *Fahrrad, Auto, Fernsehschrank. Zur Kulturgeschichte der Alltagsdinge*, Frankfurt a. M. 1993.

Rust, Holger, *Das kleine Schwarze. Jugendliche Autoträume als Herausforderung für das Zukunftsmanagement*, Wiesbaden 2011.

Sachs, Wolfgang, *Die Liebe zum Automobil. Ein Rückblick in die Geschichte unserer Wünsche*, Reinbek bei Hamburg [2]1990.

Schildt, Axel, *Die Sozialgeschichte der Bundesrepublik bis 1989/90*, München 2007.

Ders./Siegfried, Detlef, *Deutsche Kulturgeschichte. Die Bundesrepublik von 1945 bis zur Gegenwart*, München 2009.

Schmidt, Boris/Thiele, Stefan, *Range Rover. Luxus als Standard*, Wiesbaden 2013.

Schmidt, Gert/Bechmann, Gotthard/Rammert, Werner (Hg.), *Technik und Gesellschaft. Jahrbuch 10: Automobile und Automobilismus*, Frankfurt a. M./New York 1999.

Schneider, Marcus, *Deutsche Automobile. Geschichte, Schönheit, Technik*, Fränkisch-Crumbach 2005.

Schönhammer, Rainer, *Was die an Frauen gerichtete Automobilwerbung lehrt*, in: Antje Flade/Maria Limbourg (Hg.), *Frauen und Männer in der mobilen Gesellschaft*, Wiesbaden 1999, S. 49–62.

Schröder, Wolfgang, *Die Motorrad- und Pkw-Produktion in der DDR*, Bielefeld 2009.

Schütz, Erhard, *Der Volkswagen*, in: Etienne François/Hagen Schulze (Hg.), *Deutsche Erinnerungsorte*, Bd. 1, München 2001, S. 352–369.

Schwartz, Egbert, *Opel Manta. Alles über den Kultsportler aus Rüsselsheim. Technik, Design, Rennsport*, München 2010.

Schwarz, Hans-Peter, *Der Geist der fünfziger Jahre*, in: Ders., Die Ära Adenauer. *Gründerjahre der Republik, 1949–1957*, Stuttgart/Wiesbaden 1981, S. 375–464.

Sinn, Hans-Werner, *Das grüne Paradoxon. Plädoyer für eine illusionsfreie Klimapolitik*, Berlin 2008.

Steinbeck, Franz, *Das Motorrad. Ein deutscher Sonderweg in die automobile Gesellschaft*, Stuttgart 2012.

Stiftung Haus der Geschichte der Bundesrepublik Deutschland (Hg.), *Unsere Geschichte. Deutschland seit 1945*, Bielefeld/Berlin 2012.

Dies. (Hg.), *Salonwagen 10205. Von der Schiene ins Museum*, 4. überarb. Aufl., Bonn 2007.

Dies. (Hg.), *VW Käfer… und läuft, und läuft, und läuft*, Bonn 2005.

Dies. (Hg.), *Motorroller. Vespa & Co.*, Bonn [2]2004.

Dies. (Hg.), *Adenauer 300. Geschichte eines Dienstwagens*, 2. überarb. Aufl., Bonn 2003.

Stommer, Rainer (Hg.), *Reichsautobahn. Pyramiden des Dritten Reiches. Analysen zur Ästhetik eines unbewältigten Mythos*, Marburg 1982.

Südbeck, Thomas, *Motorisierung, Verkehrsentwicklung und Verkehrspolitik*, in: Axel Schildt/Arnold Sywottek (Hg.), *Modernisierung im Wiederaufbau. Die westdeutsche Gesellschaft der 50er Jahre*. Studienausgabe, Bonn 1998, S. 170–185.

Suhr, Christian, *Von Hornig bis zur IFA. 100 Jahre Karosseriebau in Meerane*, Meerane 2006.

Tesche, Siegfried, *Lexikon berühmter Fahrzeuge. Von Apollo 11 bis Zeppelin*, Frankfurt a. M. 2003.

Wegener, Wolf/Schupelius, Gunnar, *Deutschland schafft das Auto ab*, Rosenheim 2012.

Wiersch, Bernd, *Die Käfer-Chronik. Die Geschichte einer Autolegende*, Bielefeld 2005.

Wolf, Winfried, *Verkehr. Umwelt. Klima. Die Globalisierung des Tempowahns*, Wien 2007.

FÖRDERER, LEIH- UND LIZENZGEBER

Die Stiftung Haus der Geschichte der Bundesrepublik Deutschland dankt für die Unterstützung

ADAC e.V., München
ADAC e.V. – Bibliothek und Sammlungen, München
Adam Opel GmbH, Rüsselsheim
ADMV e.V., Berlin
akg-images GmbH, Berlin
Alfried Krupp von Bohlen und Halbach-Stiftung – Historisches Archiv, Essen
AUDI AG, Ingolstadt
Audi Tradition – Auto Union GmbH, Ingolstadt
August Horch Museum Zwickau gGmbH, Zwickau
autofrei leben! e.V., Berlin
Axel Springer Syndication GmbH – ullstein bild, Berlin
Barth, Jürgen, Sachsenheim
Bavaria Media GmbH, Geiselgasteig
Bechtold, Gottfried, Hörbranz
Bezirksregierung Köln – Abteilung 7 GEObasis.nrw, Bonn
Biskup, Daniel, Berlin
BMW AG, München
BMW Group Classic – BMW Group Archiv, München
Book-n-drive Mobilitätssysteme GmbH, Wiesbaden
Budwell, Wolfgang, Bielefeld
Bundesamt für Kartographie und Geodäsie – Dienstleistungszentrum, Leipzig
Bundesarchiv, Berlin und Koblenz
Bundesministerium des Innern, Berlin
Bundesministerium für Familie, Senioren, Frauen und Jugend, Berlin
Bundesministerium für Verkehr und digitale Infrastruktur, Berlin
Bundesverband CarSharing e.V. – Geschäftsstelle Berlin
Bundeszentrale für gesundheitliche Aufklärung, Köln
cambio Mobilitätsservice GmbH & Co. KG, Bremen
capricorn NÜRBURGRING GmbH, Nürburg
car2go Deutschland GmbH, Leinfelden-Echterdingen
Chatzipavlidou, Panagiota, Köln
Chemnitzer Verlag und Druck GmbH & Co. KG, Chemnitz
Classic Days e.V., Jüchen
Classic Remise – AUE Verwaltungs GmbH, Düsseldorf
Clean Energy Partnership, Hamburg
Continental AG, Hannover
Daimler AG – Global Communications MB Cars, Stuttgart
Daimler AG – Mercedes-Benz Advanced Design Center, Sindelfingen
Daimler AG – Mercedes-Benz Classic Archive, Stuttgart
Daimler AG – Mercedes-Benz Classic Fahrzeugsammlung, Stuttgart
Daimler AG – Mercedes-Benz Werk Sindelfingen
DB Vertrieb GmbH, Qixxit. Einfach. Unterwegs, Frankfurt a.M.
Der Bundesbeauftragte für die Unterlagen des Staatssicherheitsdienstes der ehemaligen DDR, Berlin
Der Leitende Oberstaatsanwalt in Berlin
Deutsche Gesellschaft für Photographie e.V. – Sektion Geschichte, Köln
Deutsches Museum von Meisterwerken der Naturwissenschaft und Technik – Verkehrszentrum, München
Deutsches Plakat Museum, Essen
Diekert, Manfred, Berg
Dietel, Prof. Karl Clauss, Chemnitz
Digitalcourage e.V., Bielefeld
Dokumentations- und Informationszentrum München GmbH
dpa Picture-Alliance GmbH, Frankfurt a.M.
DREINULL – agentur für mediatainment GmbH & Co. KG, Berlin
Eichinger, Jürgen und Britta, Augsburg
Electronic Arts GmbH, Köln
Fiat Group Automobiles Germany AG, Frankfurt a.M.
Fintz, Daniel, Ingersheim
fischbach GbR, Siegen
Ford-Werke GmbH, Köln
Fotolia LLC, San José (USA)
Frey, Pia, Berlin
Füllmann, Rolf, Köln
German Autobahn Challenge, Berlin
Grey Düsseldorf GmbH, Düsseldorf
Group PSA 2 – PEUGEOT CITROËN DEUTSCHLAND GmbH, Köln
Grundmann, Traugott, Hessisch-Oldendorf
Gutsche GmbH, Bonn
Hadi, Adnan, Frechen
Haliloglu, Kenan, Pforzheim
Henereci, Rauno, Boos
Hessischer Rundfunk, Frankfurt a.M.
Hochschule Pforzheim – Fakultät für Gestaltung
I & U Information und Unterhaltung TV Produktion GmbH & Co. KG, Köln
Internationales Trabantregister e.V., Zwickau
iStockphoto LP, Calgary (Kanada)
Jaguar Land Rover Deutschland GmbH, Schwalbach
Jauch, Günther, Potsdam
Kalinowski, Peter, Berlin
Kaltenbach Marketing und Dienstlstg. GbR, Engelskirchen
Koch Media GmbH, Planegg
Kraemer, Brigitte, Herne
Kündgen, Helmut, Berg
Kunstmuseum Wolfsburg
Landesamt für Natur, Umwelt und Verbraucherschutz Nordrhein-Westfalen, Recklinghausen
Landesarchiv Nordrhein-Westfalen, Duisburg
Landesmuseum Württemberg, Stuttgart
Leibniz-Institut für ökologische Raumentwicklung, Dresden
Lemm, Fromut, Lünen
Liebscher, Steffen, Bonn
lokomobile, Hof
MAGROUND GmbH Deutschland, Hamburg
Maiwald, Christian, Ulm
Melkus Motorsport, Dresden
Menge, Marlies, Berlin
Mobility Center GmbH teilAuto, Leipzig
Motorrennsport-Archiv Jordan, Hohenstein-Ernstthal
MPLC Deutschland GmbH, Darmstadt
Müller, Jürgen, Schleiz
Norddeutscher Rundfunk, Hamburg

Nummernschilder e.V., Großolbersdorf
Ostkreuz – Agentur der Fotografen GmbH, Berlin
Paland, Beate, Karlsruhe
PHOENIX CONTACT E-Mobility GmbH, Schieder
Polizeipräsidium Mannheim
Porsche AG, Stuttgart
Porsche Museum, Stuttgart
Presse- und Informationsamt der Bundesregierung – Bundesbildstelle, Berlin
PROGRESS FILMVERLEIH GmbH, Berlin
PS.Speicher – Kulturstiftung Kornhaus, Einbeck
Publicis Pixelpark GmbH, Hamburg
Rakso – Oskar Schneider Kunststoffe GmbH & Co. KG, Neustadt
Regierungspräsidium Tübingen, Ulm
Renault Deutschland AG, Brühl
Robert Bosch GmbH, Stuttgart
Rometsch-Karosserie-Museum, Hessisch Oldendorf
Ruhr Museum, Essen
Ruwisch, Nils, Bonn
S. Fischer Verlag GmbH, Frankfurt a. M.
Saarländischer Rundfunk, Saarbrücken
Sachs, Katharina, Göteborg (Schweden)
Sächsisches Staatsarchiv – Staatsarchiv Chemnitz
Sauerbruch, Prof. Dr. Tilmann, Bonn
Schick-Zech, Andrea, Starnberg
Schmitt, Harald, Hamburg
Schöne, Wolf, Fotoarchiv Ruhr Museum
Schorfheide Museum e.V.
Scurti, Franck, Paris
Sky Automobile, Eschweiler
Soulas, Dimitri, Garmisch-Partenkirchen
Stadtmuseum Bonn
Stern, Volkhard, Bonn
Stiftung Archiv der Parteien und Massenorganisationen der DDR im Bundesarchiv, Berlin
Stiftung Bundeskanzler-Adenauer-Haus, Bad Honnef-Rhöndorf
Stiftung Deutsches Rundfunkarchiv, Potsdam-Babelsberg
Stiftung Deutsches Technikmuseum Berlin
Strathausen, Franz-Josef, Heiligenstadt
SZ Scala GmbH, München
TELEPOOL GmbH, Leipzig
Textil- und Rennsportmuseum TRM, Hohenstein-Ernstthal
Transit Film GmbH, München
Triestram, Axel, Holzminden
Verband der Automobilindustrie e.V., Berlin
Verkehrsclub Deutschland e.V. – Bundesgeschäftsstelle, Berlin
Verkehrsmuseum Dresden gGmbH
Villa Trips – Museum für Rennsportgeschichte, Kerpen
Volkswagen AG, Wolfsburg
Volkswagen AG – Brand Support Team/ Historische Kommunikation, Wolfsburg
Volkswagen AG – Design Studio Braunschweig
Volkswagen Sachsen GmbH – Die gläserne Manufaktur, Dresden
Volkswagen Zubehör GmbH – Lifestyle & Lizenzmanagement, Wolfsburg
Volvo Car Corporation, Göteborg (Schweden)
Volvo Car Deutschland GmbH, Köln
von Münchhausen-Frey, Anna, Frankfurt a. M.
von Plettenberg, Freiherr und Freifrau, Münster
Vonbrüll, Simon, Nenzing
Vortaunusmuseum, Oberursel
WDR mediagroup GmbH, Köln
WEH GmbH Gas Technology, Illertissen
Werner-Hennerici, Hannelore, Boos
Westerwälder Tuning Community
ZF Friedrichshafen AG, Friedrichshafen
Zweites Deutsches Fernsehen, Mainz

Präsident und Professor
Dr. Hans Walter Hütter

Ausstellungsdirektor
Dr. Thorsten Smidt

Projektleiter
Ulrich Op de Hipt

Projektgruppe
Sebastian Hamburger
Steffen Liebscher
Christina Reichl
Dr. Angela Stirken
Angela Witt

Objektdisposition
Wolfgang Kreutzer

Museumspädagogik
Dr. Simone Mergen

AV-Medien
Ralf Lieb
Stefan Ziegler

Ausstellungsgestaltung
Atelier Schubert, Stuttgart

BILDNACHWEIS

Einband Museumsausgabe: Schleiner + Partner Kommunikation GmbH (verfremdetes Foto: istock photo/sborisov/ Australian Camera)

ADAC e. V. – Bibliothek und Sammlungen: S. 165

akg-images: S. 75, 95, 130 (Fototeca Gilardi), 131 o., 189 (Pansegrau), 193 o.

Audi AG, Archiv: S. 137

AUTO BILD KLASSIK/Thomas Starck: S. 150

Bechtold, Gottfried: S. 149

bpk – Bildagentur für Kunst, Kultur und Geschichte: S. 32 bpk/Bayerisches Staatsarchiv (Heinrich Hoffmann)

BMW Group Archiv: S. 203

Bundesarchiv: S. 36 (Bild 183-B0628-0015-023/ Foto: Heinz Junge)

Bundesverband CarSharing e. V.: S. 207 li. und re.

Christo, 2013: S. 178

Classic Days e. V.: S. 154 (Agentur R65), 155 (P. Singhof), 156 (P. Singhof), 157 (P. Singhof), 158 (R. Hey), 159 (R. Hey)

Cohen, Liz / Salon 94, New York: S. 18

Darchinger, J. H./Friedrich-Ebert-Stiftung: S. 168

Der Bundesbeauftragte für die Unterlagen des Staatssicherheitsdienstes der ehemaligen DDR: S. 45

dpa Picture Alliance: S. 2 (Friso Gentsch) (verfremdet), 6 (Kurt Rohwedder), 10/11 (verfremdet), 39 o. (Bernd Settnik), 66 (Bildarchiv), 73 (picture alliance/ZUMAPRESS), 101 ZB (Jan Woitas), 106, 107, 145 (DUMONT Bildarchiv), 164 o. (picture alliance/akg-images), 172 (ZB – Fotoreport), 193 u. (dpa/ Wei Yao), 195 (dpa/Google), 196 o. (Maurizio Gambarini), 196 u. (dpa/Jan Woitas), 205 (AP Images/Gene J. Puska), 206 dpa (Wolfgang Kumm), 208/209 (dpa-Zentralbild) (verfremdet)

Engst, Sascha: S. 14

Getty Images: S. 139 (Jean-Francois Monier), 190/191 (David Becker) (verfremdet)

Grundmann, Traugott: S. 43

Hackerott, Henry: S. 138

Hauswald, Harald/OSTKREUZ: S. 99

Jauch, Günther: S. 151, 153 o.

johnlawrence.org.uk: S. 134/135 (verfremdet), S. 140

Koshofer, Gert: S. 188

Kraemer, Brigitte: S. 22 o.

Kujack, Jörg: S. 152 u.

Mercedes-Benz Classic, Archive: S. 17, 52, 80 o., 80 u., 116

Middeldorp, Elke: S. 129 u.

Mock, Roswitha: S. 118

Motor Presse Stuttgart: S. 140 o.

nelcartoons: S. 8, 127

Omonsky, Julian: S. 109

Opel Classic Archiv der Adam Opel AG: S. 132

Peters, Jeanette: S. 129 o.

Porsche AG, Archiv: 61, 133

Presse- und Informationsamt der Bundesregierung: S. 98, 102 (Ludwig Wegmann)

PUNCTUM/Bertram Kober: S. 84/85

Rinspeed AG: S. 204

Sagnak, Aleyna Maria: S. 59

Sammlung Peter Kirchberg: S. 184, 185

Schmitt, Harald: S. 187

Schmitz, Vivien: S. 126

Schöne, Wolf/Fotoarchiv Ruhr Museum: S. 94

Schumacher, Ruth: S. 128

Scurti, Franck/Galerie Michel Rein, Paris/ Brüssel ADAGP: S. 22 u.

S. Fischer Verlag GmbH, Frankfurt a. M., aus: Jörg Müller: *Hier fällt ein Haus, dort steht ein Kran und ewig droht der Baggerzahn oder Die Veränderung der Stadt*, 1976: S. 173

Skibowski, Klaus Otto: S. 35

Sperzel, Wolfgang: S. 12

Stiftung Haus der Geschichte der Bundesrepublik Deutschland/Axel Thünker, Susan Schaarschmidt: S. 13, 24/25 (verfremdet), 39 u., 44 o., 50, 53, 56, 60, 71, 76, 77 u., 78, 79, 86, 96/97, 103, 105, 108, 111 u., 131 u., 147 re., 152 o., 160/161 (verfremdet), 162, 166 o., 169, 170, 171, 173, 177, 178, 179 u., 180 re., 181, 182 li. und re., 183, 186, 192, 200, 201

Süddeutsche Zeitung Photo: S. 100, 164 u. (Alfred Strobel), 180 li. (Scherl)

Thiele, Stefan: S. 42, 44 u., 47

ullstein bild: S. 9 (Ulrich Baumgarten), 19, 20 (Alexander Becher), 21 li. (Kurt Hamann), 21 re. (Lehnartz), 23, 26 (mirrorpix), 27 o. (Haeckel Archiv), 27 u. (Roger-Viollet/ Maurice Branger), 29 (Haeckel Archiv), 31 (AKG), 33 o. (Jung), 33 u. (Leber), 38 (ADN-Bildarchiv), 40 (dpa), 41(Giribas), S. 46 (ADN-Bildarchiv), 48/49 ullstein bild (verfremdet), 54, 58 (Repke), 68/69 (imageBROKER/Jörn Friederich) (verfremdet), 70 (Süddeutsche Zeitung Photo/Scherl), 72 (imageBROKER/Alex Friedel), 77 o. (Schirner), 81 (Melde Bildagentur), 82/83, 92/93 (Westend61/Rik Rey) (verfremdet), 110 (imageBROKER/Thomas Frey), 111 o. (United Archives), 112/113 (United Archives), 114/115 (imageBROKER/Michael Hartmann) (verfremdet), 118 u. (VW/AUDI), 141, 142 (Imagno/Sammlung Hubmann), 143 (Sven Simon), 144 (mirrorpix), 146 (Westend61/Mel Stuart), 147 li. (Brauer), 163 (Süddeutsche Zeitung Photo/Scherl), 166 u., 176 (Reuters/Kai Pfaffenbach), 197 o. (Reuters/Thomas Peter), 199 (Reuters/ Stephen Lam), 208/209 (Günter Peters) (verfremdet)

Verband der Automobilindustrie e.V. (VDA): S. 136

Verkehrsmuseum Dresden: S. 62, 63, 64, 65, 67

Volkswagen Kommunikation: S. 179 o.

Volvo Car Group, Public Affairs, Schweden: S. 121, 122 o. und u.

Weingut von Othegraven: S. 153 u.

www.maground.de: S. 174/175

IMPRESSUM

Geliebt. Gebraucht. Gehasst.
Die Deutschen und ihre Autos

Begleitbuch zur Ausstellung

im Haus der Geschichte
der Bundesrepublik Deutschland, Bonn,
10. März 2017 bis 21. Januar 2018,

im Verkehrsmuseum Dresden
Mai bis Oktober 2018

Herausgeber
Stiftung Haus der Geschichte
der Bundesrepublik Deutschland
Willy-Brandt-Allee 14
53113 Bonn
Tel.: +49 228/91 65-0
Fax: +49 228/91 65-302
www.hdg.de

Präsident und Professor
Dr. Hans Walter Hütter

Redaktion
Petra Rösgen

Bildredaktion
Bettina Citron

Redaktionsassistenz
Lisa Kemle

Objektfotos
Haus der Geschichte/Axel Thünker,
Susan Schaarschmidt

Gestaltung
Bettina Neustadt, Sandstein Verlag

Einbandgestaltung Museumsausgabe
Schleiner + Partner Kommunikation GmbH

Satz und Reprografie
Katharina Stark, Jana Neumann,
Sandstein Verlag

Druck
Grafisches Centrum
Cuno GmbH & Co. KG, Calbe

Die Deutsche Nationalbibliothek verzeichnet diese Publikation in der Deutschen Nationalbibliografie; detaillierte bibliografische Daten sind im Internet über http://dnb.dnb.de abrufbar.

www.sandstein-verlag.de

ISBN: 978-3-95498-298-1
(Museumsausgabe)

ISBN: 978-3-95498-285-1
(Buchhandelsausgabe)

Printed in Germany